Des choses de la nature et de leurs droits

Sarah Vanuxem

Conférence-débat organisée par le groupe Sciences en questions au centre-siège INRAE Paris, le 21 janvier 2019.

La collection « Sciences en questions » accueille des textes traitant de questions d'ordre philosophique, épistémologique, anthropologique, sociologique ou éthique, relatives aux sciences et à l'activité scientifique.

Directeurs de collection : Raphaël Larrère, Catherine Donnars.

Retrouvez tous les ouvrages parus dans la collection « Sciences en questions » : https://www.quae.com/collection/14/sciences-en-questions

Le groupe de travail Sciences en questions a été constitué à l'Inra en 1994 — devenu INRAE le 1er janvier 2020 — à l'initiative des services chargés de la formation et de la communication. Son objectif est de favoriser une réflexion critique sur la recherche par des contributions propres à éclairer, sous une forme accessible et attrayante, les questions philosophiques, sociologiques et épistémologiques relatives à l'activité scientifique.

Texte revu avec la collaboration de Marie-Noëlle Heinrich et Danièle Magda.

Table des matières

Remerciements

Pour Guillaume du Boisbaudry,
sans qui ce texte n'aurait pas été écrit.

Je remercie Marie-Noëlle Heinrich, Raphaël Larrère et Danièle Magda, ainsi que Judith Rochfeld et Brigitte Vanuxem pour leurs lectures, observations, suggestions et critiques de fond. Merci également à Baptiste Lanaspeze pour ce texte rédigé dans le prolongement de *La propriété de la terre*, à Marie-Angèle Hermitte pour sa lecture d'une première version, et à Aliénor Bertrand pour ses interrogations. Merci aux organisateurs et organisatrices de séminaires, colloques ou festivals dans lesquels j'ai pu développer certains points de la conférence donnée à INRAE. Merci aussi à leur public et, en particulier, à Aurore Chaigneau, Emanuele Conte, Patricia Falguières, Jérôme Fromageau, Émilie Hache, Alice Ingold, Catherine Larrère et Christine Noiville : je n'ai pas oublié leurs mises-en-garde et fortes critiques, auxquelles j'ai tenté de répondre mais sans toujours y parvenir. Merci encore à Serge Gutwirth, Benoît Grimonprez, Rodrigo Miguez Nunez et Bruno Latour qui — en m'invitant, chacun, à leur remettre un article — m'ont permis d'avancer sur cet essai. Merci aussi à Benjamin Coriat et Isabelle Doussan qui m'ont pareillement encouragée en m'intégrant dans leurs projets collectifs respectifs. Merci, enfin, à ma fille, ma famille et mes amis.

Préface

Le droit comme champ de recherche reste encore mal connu des communautés scientifiques y compris de celles des sciences sociales. Nous le percevons comme l'instrument de la régulation de notre vie en société en le confondant avec le système juridique auquel il est adossé avec son corps de règles et de procédures. Mais pour ceux qui, par exemple, se sont engagés ces dernières années en faveur de la protection du vivant, le droit est apparu comme un « acteur » de premier plan pour faire bouger les lignes. Loin d'être figé ou seulement en capacité d'acter *ex post* les évolutions de nos sociétés, il recèlerait les ressources pour participer activement à leur transformation. Ainsi il y a quelques années déjà, des juristes ont proposé d'accorder des droits aux vivants non humains. Ce projet bouscule le droit français mais aussi nos représentations puisqu'il s'agit de leur accorder le statut de personne et non plus celui de choses objets. Ces mêmes juristes explorent les voies possibles face à l'impossibilité de reconnaître ces êtres vivants comme personne physique et argumentent pour les doter d'une personnalité purement technique comme les « personnes morales » que sont les associations, entreprises ou syndicats. Cette proposition a été reprise tant par des militants que par des scientifiques soucieux de la protection de la nature ou ayant à cœur de défendre la cause des animaux. Les controverses, tant juridiques que philosophiques qui ne manquent pas autour de cette proposition, ont néanmoins montré à quel point le droit est un domaine d'investigation et de recherche. Le droit est bien une discipline vivante de recherche. Il ne suffira pas d'adapter les règles car faire passer le vivant non humain du statut d'objet à celui de sujet engage un travail de fond sur les concepts et les outils du droit en tant que discipline.

La première fois que j'ai écouté Sarah Vanuxem parler de ses travaux de recherche en droit sur le thème de nos relations avec la nature, j'ai pris la mesure de l'importance (mais aussi de mon ignorance) du bagage théorique et conceptuel des différents domaines du droit pour le traitement de problématiques environnementales. Il me fut d'autant plus facile de m'en rendre compte que Sarah faisait immédiatement partager son enthousiasme de chercheure pour une fine exploration des ressources du droit, plongeant parfois dans son histoire pour dessiner un futur possible, élaborant des utopies tout en opérant ses fameux tours de force interprétatifs. Le groupe Sciences en questions s'est donc réjoui de pouvoir inviter Sarah à présenter cette conférence pour des publics qui allaient (re)découvrir la recherche dans le champ du droit et, pourquoi pas, concourir à lui donner une place plus importante sur les questions d'environnement et plus fondamentalement sur nos liens au vivant et à la nature. Cela nous a semblé d'autant plus nécessaire que le droit comme discipline est quasi absente au sein d'INRAE.

Mais pour mieux comprendre le propos de Sarah dans sa conférence sur « Des choses de la nature et de leurs relations. Le droit de l'environnement par-delà objets et sujets de droit », revenons un peu sur son parcours. Sarah est actuellement maîtresse de conférences à la faculté de droit de l'université Côte d'Azur, partageant son activité entre ses enseignements et ses recherches au GREDEG (Groupe de recherche en droit, économie et gestion) à Sophia-Antipolis. Elle a été en délégation au CNRS de 2015 à 2016 puis à INRAE durant deux autres années tout en restant basée au GREDEG. Elle s'est formée au droit et à la philosophie à l'université Paris I et à l'EHESS. Sa thèse, soutenue à l'Institut de recherche juridique de la Sorbonne en 2012, portait sur *Les choses saisies par la propriété* et s'inscrivait entre le droit des biens et la théorie du droit. Cette thématique de la propriété et, en contrepoint, celle des communs constituera un fil rouge de ses recherches dans un travail de redéfinition et de précision qui s'alimentera d'une grande diversité de problématiques abordées, comme la gestion d'une forêt domaniale au Maroc (dans le cadre d'une bourse jeune chercheur INRAE), les communs fonciers de collectivités locales en France ou encore les semences paysannes (travail toujours en cours). Ses apports sont fondamentaux car ils permettent d'éclairer finement et de manière rigoureuse la diversité des relations aux choses créée par la propriété ou par les communs et donc les différentes voies pour agir sur et avec ces choses. Les implications pour l'action environnementale sont déterminantes d'autant plus que le commun est souvent convoqué dans le discours environnementaliste, un peu comme mot d'ordre, mais sans réelle définition et souvent dans une confusion de terme avec celui de collectif. Pour comprendre l'importance de cette relecture par la propriété et le droit des biens, je vous invite à lire son ouvrage *La propriété de la terre* paru en 2018 aux éditions Wildproject.

Sarah poursuivra dès lors ses travaux à l'interface entre le droit (et notamment la théorie du droit) et diverses problématiques environnementales. Membre du Comité économique, éthique et social du HCB de 2015 à 2017, elle a été amenée à travailler sur le dossier des moustiques génétiquement modifiés et sur celui des nouvelles techniques de modification génétique (NBPT).

Ce faisant, elle contribue au développement de cette nouvelle branche du droit qu'est le droit de l'environnement. Mais loin de vouloir se restreindre à ce seul domaine, elle mobilise d'autres disciplines. Au-delà de ses premières bases académiques en philosophie, Sarah a en effet adopté très tôt une démarche interdisciplinaire mobilisant tantôt l'histoire, l'anthropologie (et même plus récemment l'écologie) contre l'avis parfois des membres de sa communauté considérant que la prise de risque est trop importante ou même que l'on ne fait plus de droit en s'ouvrant aux sciences humaines (!). Pourtant c'est bien ce qui lui donne cette capacité de tirer parti de la confrontation des conceptions du droit avec les redéfinitions d'objets, d'échelles, de relations, de catégories auxquelles nous invite la transition écologique et environnementale. Ce faisant elle contribue à la fois au développement de sa discipline avec une lecture critique renouvelée et à ouvrir de nouvelles perspectives pour changer nos rapports à la nature.

La conférence que présente Sarah aujourd'hui est le fruit d'une exploration de ce qui se joue dans cette confrontation du droit avec les dernières innovations de la loi biodiversité de 2016. Elle propose de s'interroger si, et dans quelle mesure, les concepts qui sont mobilisés comme les services environnementaux, la compensation écologique, introduisent ou non une rupture dans nos relations aux choses. Elle propose une relecture originale ou plutôt une réinterprétation par le droit et nous invite à la suivre pour imaginer un nouvel ordre du monde.

Alors laissons-nous guider.

Danièle Magda

Des choses de la nature et de leurs droits

Introduction

Sur le terrain juridique[1], on tient pour élémentaire cette affirmation : seuls les humains, les personnes physiques, ou les groupements d'humains, les personnes morales (une société, une association, une coopérative, etc.), ont des droits. Inversement, les non-humains (les minéraux, les végétaux ou les animaux, ainsi que les artefacts produits par les humains à partir d'eux) ne détiennent pas de droits. Ils sont, à l'opposé, ce sur quoi portent les droits : des choses-objets de droit. Aussi assimile-t-on couramment les personnes aux sujets de droit, les choses aux objets de droit. Tandis que les personnes — humains ou groupes d'humains — sont assimilées aux sujets de droit, les choses — en particulier, les « ressources naturelles » — sont assimilées aux objets de droit.

Ainsi interprétée — comme une opposition objets-sujets — la division des choses et des personnes invite à traiter les êtres non humains sous leur seul aspect visible et tangible, c'est-à-dire comme des *res extensa*, et les êtres humains comme des entités privilégiées car dotées d'une libre volonté. Parce qu'elle autorise à traiter les éléments extérieurs aux humains comme des objets corvéables à merci, la division pourrait être liée à la dégradation des milieux naturels. Elle rendrait concevable la destruction par le libre sujet de droit des animaux, des végétaux et des minéraux, appréhendés tels des matériaux entièrement manipulables. Privés de droits, les minéraux, animaux ou végétaux ne sauraient réclamer et obtenir réparation en leur nom du dommage que leur cause la réalisation de travaux (par exemple, le creusement d'un tunnel) ou quelque accident ou catastrophe écologique (par exemple, une marée noire).

Dans la mesure où la distinction des choses et des personnes est présentée comme la division suprême ou *summa divisio* de notre système juridique, le soubassement essentiel ou la colonne vertébrale de notre droit, on n'imagine généralement pas en changer. Dans ces conditions, il n'est d'autre possibilité, pour faire échapper les non-humains au régime des entités entièrement disponibles entre les mains des humains, que de leur accorder la personnalité juridique, soit la qualité de sujet de droit et, pour ce faire, de les extraire de la catégorie des choses. Autrement dit, puisque l'on tient pour équivalentes les notions de personnalité juridique et de sujet de droit, il nous faut, pour reconnaître des droits aux choses de la nature, les subsumer sous la catégorie de personnes. Et symétriquement : puisque l'on tient pour identiques les notions de chose et d'objet, il nous faut, pour reconnaître quelque dignité aux animaux, végétaux ou minéraux les évincer de la catégorie des choses.

C'est pourquoi nous assistons actuellement à un mouvement de personnification de la nature et de ses éléments : après la constitution équatorienne, laquelle a conféré la qualité de sujet de droit à la Terre-mère ou Pachamama, en 2008, la loi bolivienne des droits de la terre-mère a également attribué à celle-ci la personnalité juridique, en 2010. Puis, ce furent le fleuve Whanganui en Nouvelle-Zélande, le fleuve Atrato et l'Amazonie en Colombie qui obtinrent cette même reconnaissance et, pour un temps, le Gange et son affluent, la Yamuna, en Inde (Rochfeld, 2019, p. 151-161 ; Cabanes, 2016, p. 279-286)[2]. Récemment aux États-Unis, le lac Erié s'est pareillement vu reconnaître le droit d'exister, de prospérer et d'évoluer naturellement. En France aussi, l'article 110-3 du code de l'environnement de la province des îles Loyauté de Nouvelle-Calédonie prévoit que les éléments de la nature participant de l'identité kanake pourront se voir reconnaître une personnalité juridique. Du point de vue écologique, la personnification de la nature et de ses éléments apparaît salutaire. Et l'on ne peut que se réjouir que cette solution fasse florès. Ainsi donc ce réquisit de l'écologiste Aldo Léopold : « Penser comme une montagne » (Léopold, 1949), serait devenu un impératif juridique ! Les humains étant désormais tenus de porter la parole de massifs forestiers, de bassins versants et — pourquoi pas, bientôt ? — de bocages ou de marais salants, les intérêts de ces derniers seraient mieux protégés, et pourraient être directement défendus devant les juges (Hermitte, 2011 ; David, 2017, 2012).

Pour autant, cela n'interdit pas de pointer les éventuelles insuffisances du procédé, non pour revenir sur ces avancées, ni même pour endiguer le flot des choses personnifiées (Martin, 2018 ; Bétaille, 2019), mais pour essayer de parfaire la proposition, et tenter d'aller plus loin dans la reconnaissance de droits aux animaux, minéraux ou végétaux. Au titre des limites au mouvement de personnification de la nature et de ses éléments, on peut, dès lors, relever que celui-ci n'est *a priori* rien d'autre qu'une décision d'offrir un mode de représentation : personnifier la nature ou ses éléments revient à lui ou à leur accorder un ou des porte-paroles. Le mot personne est alors entendu au sens moderne du Léviathan de Thomas Hobbes : la personne est ce au nom de quoi une autre personne parle ou qui parle en son nom ou au nom d'une autre personne (Hobbes, 1651, p. 161-168). Personnifiés, la nature et ses éléments ne seraient jamais que d'éternels mineurs non émancipés ou des majeurs vulnérables au nom desquels leurs représentants, par exemple un tuteur, seraient autorisés à parler.

D'où cette question : pour reconnaître des droits aux animaux, végétaux ou minéraux, ne serait-il pas possible de procéder autrement que par la voie de la personnification entendue au sens occidental moderne d'une représentation ? La réponse que j'apporterai ici est positive : oui, il est possible de reconnaître des droits aux choses de la nature et, simultanément, de les faire échapper à la condition d'objets, sans procéder à leur personnification ou représentation, tout simplement parce qu'il est possible de leur reconnaître d'emblée des droits, sans passer par l'intermédiation d'humains qui seraient habilités à parler en leur nom. La position que je voudrais défendre est que cette solution, loin d'être incongrue ou parfaitement hétérodoxe, a été employée pendant longtemps, ici même en Occident, que dans une certaine mesure, elle l'est encore aujourd'hui, et que nous pourrions aller plus loin encore en réinvestissant le droit des servitudes. Non contente de nous ouvrir au mouvement contemporain des communs, une reprise de ce droit devrait nous permettre de renouveler l'approche qui est généralement faite des communs fonciers à partir de la notion de ressources naturelles. Mieux, les servitudes pourraient représenter ce pivot à partir duquel faire basculer notre conception occidentale moderne, et relire nombre de dispositions du droit émergent de l'environnement.

Se rendre sur le haut-plateau ardéchois

Pour expliciter cette proposition, il me faut vous présenter rapidement les travaux dans la continuité desquels elle s'inscrit : dans *Les choses saisies par la propriété*, j'avais tenté de montrer que la lecture habituellement faite de la division des choses et des personnes ne s'imposait pas, qu'il était permis de la présenter autrement qu'en termes d'opposition entre des objets et des sujets de droit. Cette nouvelle approche peut être ainsi résumée : quoique l'on définisse couramment les choses tels des objets de droit, les personnes tels des sujets de droit, et la propriété comme un pouvoir des personnes-sujets de dominer les choses-objets, il s'avère possible et préférable de concevoir les choses comme des milieux, séjours ou habitats, les personnes comme les habitantes de ces choses, la propriété comme une faculté d'habiter, et les droits dits de propriété comme des places dans les choses. De manière générale, il est permis de penser que la vision de la propriété comme d'une faculté d'habiter rend mieux compte de la situation juridique dans laquelle se trouve effectivement un propriétaire, que la vision de la propriété comme d'une faculté de dominer. Tandis que la conception du propriétaire comme d'un maître, souverain et despote peut aboutir à justifier la dégradation de terres soumises à la libre volonté de ce dernier, la conception du propriétaire, par exemple foncier, comme d'un habitant des choses, alors considérées comme des milieux, habitats ou écoumènes, permet d'expliquer que le propriétaire soit contraint dans l'exercice de son droit[3].

Expérimentant cette thèse dans le champ environnemental, j'ai pu rappeler, à la lumière du droit privé des biens français, que la propriété, en particulier foncière, ne confère jamais la propriété de la terre en tant que telle, tant sont nombreux les obstacles juridiques à l'exercice du droit de propriété. De sorte qu'il n'y a pas davantage incorporation de la terre au droit de propriété qu'absorption de la terre par le droit de propriété ainsi que le supposent respectivement les écoles dites classique et renouvelée de la propriété[4]. Surtout, j'en suis venue à me demander si la raison pour laquelle les choses demeuraient, à strictement parler, inappropriées (les personnes n'ayant jamais que la propriété de droits en elles) ne résidait pas dans la propriété que les choses auraient d'elles-mêmes ou, tout au moins, de droits en elles : que des choses puissent être dites propriétaires — propriétaires relativement à d'autres choses, à des personnes ou à elles-mêmes —, telle est l'une des hypothèses sur laquelle s'achève *La propriété de la terre*.

J'avais alors en tête un cas précis : celui du lieu-dit du Goudoulet, situé à l'ouest de la rivière de la Pradelle dans la commune de Sagnes-et-Goudoulet. Sur ce territoire infra-communal du haut plateau ardéchois, les gens assurent que ce ne sont pas les humains, mais les bâtiments et, plus précisément, les corps de ferme qui détiennent des droits sur la forêt voisine d'Aiguebelle ainsi que sur les drayes et les pâturages des monts Mézy et Lescous. Cette appropriation des droits d'usage par les fonds de terre figure expressément dans les actes notariés et mémoires d'avocat : les fermes ont chacune un « droit, donc, une part des produits annuels et des revenus exceptionnels » de la forêt d'Aiguebelle. Ces droits d'usage sont « annexés » ou « attachés à la propriété, au domaine rural, sis sur le territoire de la section »[5].

Ce qui m'avait alors semblé remarquable est la façon dont les gens du Goudoulet justifient cet état de droit : selon eux, reconnaître des droits aux fonds de terre relèverait du bon sens. Car, à l'inverse des humains, qui vont et viennent, naissent et meurent, les bâtisses, elles, se tiennent et demeurent. Il y aurait là une solution : la reconnaissance de droits aux choses sises en un lieu, propre à garantir la durabilité ou pérennité des situations, en interdisant maints usages humains, puis en empêchant, par exemple, l'artificialisation des sols ou la destruction des forêts des générations présentes et futures. Au final, la reconnaissance du statut de propriétaire aux terres permettrait de retenir les biens assurant la subsistance des villageois. De ce point de vue, la propriété ne signifierait plus tant un droit de céder ses biens, de les vendre, léguer ou donner, et donc de les aliéner, qu'un droit de les garder, préserver ou conserver, voire de les rendre indisponibles. « L'indisponibilité plutôt que l'aliénabilité », la formule ne serait-elle pas adaptée à notre temps ? Au lieu d'assurer la libre circulation des biens, notre droit ne devrait-il pas désormais tendre à garantir la stabilité des situations ? L'acuité de la question écologique pourrait, en effet, nous conduire à inverser la tendance ou renverser l'ordre des priorités.

Dans cette perspective, écologique, la solution villageoise des maisons-propriétaires apparaît doublement intéressante : elle permet de penser la reconnaissance de droits à des êtres non humains — en l'occurrence des murs — sans passer par la personnification ou représentation de ces derniers, comme de découvrir un système juridique visant moins la circulation que la préservation de droits ou de biens. Pour sûr, il serait délicat de poursuivre cette piste à partir d'un seul cas. Mais loin d'être spécifique au Goudoulet, cette appartenance de droits d'usage collectifs aux maisons se trouve partagée par toutes les communes du haut-plateau ardéchois, au moins jusque dans les années 1980

(Direction départementale de l'agriculture de l'Ardèche, 1983). De plus, les traités du XIXe siècle attestent que la situation est ancienne, mais qu'elle était également courante : s'ils étaient parfois attachés à la communauté des habitants d'un village, ces droits d'usage appartenaient, le plus souvent, aux maisons fondées sur le territoire de celui-ci (Lalaure, 1786, p. 8-9 ; Duranton, 1828, § 66 ; Astruc, 1841, p. 278-279 ; Thomas, 1870, p. 43, 58, 280, 276, 218, 226 ; Tétu, 1900, p. 45-46).

Remonter jusqu'à la plus haute Antiquité

Surtout, l'admission de choses-propriétaires n'a pas manqué d'être conceptualisée : c'est autour des années 1140 que la célèbre théorie de Moïse de Ravenne — admettant des lieux propriétaires — fut énoncée. Il s'agissait alors de résoudre le problème suivant : à qui devaient être attribués les biens de l'église Saint-Ambroise alors que la communauté monastique avait entièrement disparu ? Ces biens pouvaient-ils être revendiqués par celui qui les avait concédés à l'église ? Devaient-ils, alors, être retournés — première option — à leur donateur ou aux légataires de ce dernier, ou devaient-ils être regardés — deuxième option — tels des biens vacants, auquel cas ils se trouvaient absorbés par le fisc du pape ? Selon l'archevêque de Ravenne, ni la première, ni la deuxième option ne devait être retenue, mais une troisième : il fallait considérer que les biens de l'église appartenaient à celle-ci et, plus précisément, à ses murs, à l'édifice formant son siège ainsi qu'au lieu lui-même, aux terres où elle était située.

Cette théorie apporte une réponse alternative à celle de la personnalité. Car en décidant que les biens de l'église Saint-Ambroise appartenaient à celle-ci, à ses murs et à la terre qu'elle renfermait, l'archevêque n'entendait pas personnifier l'église, mais poser « plus radicalement » qu'une chose, en l'occurrence l'église, pouvait être « propriétaire d'une autre », qu'un « lieu » pouvait être « maître de terres et de biens » (Thomas, 2011, p. 211-213). Le caractère alternatif de cette solution est d'autant plus clair que des trois possibilités envisagées pour répondre à la question de l'attribution des biens après que la communauté monacale a disparu, ce fut la deuxième — celle du transfert de biens devenus vacants au fisc du pape — qui connut le succès et eut une postérité, étant précisément à l'origine de la notion de personne morale.

Ajoutons que si c'est au XIIe siècle que le principe qu'une chose peut être propriétaire de droits en d'autres choses, fut clairement posé, l'application de la règle, elle, était beaucoup plus ancienne. Nombreux sont, en effet, les documents qui attestent l'existence, au haut Moyen Âge, de vénérables demeures ou lieux institués propriétaires, et qui reproduisent cette formule : « Toute possession ou tout bien que possède légitimement le lieu même, présentement ou qu'il recevra ultérieurement (…), lui appartient de manière ferme et intangible pour toujours » (Conte, 2009). L'effet obtenu, sinon l'objectif visé, n'était évidemment pas d'assurer la libre circulation des biens ou droits, mais au contraire de les attacher aux lieux à jamais. Surprenante pour le juriste seriné au principe de libre circulation des biens, cette préoccupation redevient celle de propriétaires fonciers soucieux de préserver le bon état de leurs bois, jardins ou îles pour les générations futures, ou d'aspirants propriétaires qui aimeraient voir se reconstituer des forêts primaires — ce qui suppose d'assurer la libre évolution des arbres sur plusieurs siècles — ou qui, habitants des zones à défendre ou à désirer (ZAD), voudraient que leurs lieux de vie continuent d'échapper à l'emprise totale du capitalisme.

Rendre les lieux à eux-mêmes, en les reconnaissant propriétaires, la proposition aurait, historiquement, plusieurs fondements. Car en droit justinien, au VIe siècle déjà, les terres et les meubles des moines entrant étaient dits « acquis par le monastère » : les biens des nouveaux moines ne se trouvaient pas transférés à la personne morale du monastère — un concept qui nous est familier[6], que nous présupposons volontiers, mais que l'on n'avait pas encore élaboré. Ces biens n'étaient pas davantage appropriés par la généralité, la collectivité ou l'universalité des membres du monastère, mais par l'endroit, le lieu dans lequel se déroulait la vie monastique (Orestano, 1956). La législation justinienne ne faisait, du reste, que transposer aux églises de très anciens principes du droit sacré de l'époque romaine attribuant les terres ou les meubles affectés à une divinité au lieu consacré d'un temple, défini par ses limites tangibles (Thomas, 2007, 2011). Et l'on pourrait sans doute remonter bien en-deçà encore, aux pratiques grecques et hindoues où chaque terre appartenait d'abord à elle-même et aux dieux et déesses dont elle participait (Durkheim, 1950), ainsi qu'aux temples mésopotamiens, également affectés à telle ou telle divinité, et auxquels des biens étaient légués ou donnés (Charpin, 2017,

p. 64-68 ; Graeber, 2011, p. 51 ; Polanyi, Arensberg, Pearson, 1957, p. 82-84).

En vérité, c'est seulement à partir du XIIe siècle, c'est-à-dire à l'époque même où l'archevêque de Ravenne entreprit de l'exposer, que la théorie des choses-lieux-propriétaires commença à être rejetée. Encore la doctrine de Ravenne ne fut-elle pas condamnée de manière unanime. On l'appliqua, d'abord, aux cités libres dudit siècle : en s'inspirant du modèle des fonds ecclésiastiques, ces villes furent réputées propriétaires de biens communs et de choses publiques. On la réemploya, ensuite, aux XVIe et XVIIe siècles, sur le territoire de l'actuelle Italie : des communautés rurales désirant recouvrir leurs droits communaux, usurpés par des tiers durant la vacance des lieux provoquée par quelque guerre ou épidémie, affirmèrent que ces droits appartenaient aux bâtiments dont ils étaient demeurés propriétaires (Cortese, 1999).

Réinvestir le droit des servitudes

Il importe, donc, de comprendre pourquoi l'attribution de droits à la nature et à ses éléments passe aujourd'hui par leur personnification, et pourquoi nous n'avons pas jusqu'alors choisi — ou du moins pas explicitement — de réactiver une solution millénaire, formulée il y a huit siècles, et qui consisterait à reconnaître directement des droits à des choses situées ou lieux, c'est-à-dire aux milieux maritimes, forestiers ou montagneux que l'on voudrait préserver. Une première réponse, conceptuelle, et qui nous ramène à la division des choses et des personnes, est qu'à l'âge du subjectivisme ou de la conception occidentale moderne, nous avons comme l'interdiction de penser l'appartenance de droits à des choses. Quoique l'idée de choses-propriétaires ait commencé à être contestée au XIIe siècle, c'est au XVIIe qu'il devient parfaitement inconcevable d'octroyer des droits à d'autres êtres que les humains (Orestano, 1956). Car après que le concept de droit subjectif a été élaboré, accorder des droits à des choses situées ou lieux apparaît comme une « pseudo-idée », un « non-sens », une solution « étrange », « rudimentaire » et, pour tout dire, « absurde » (Cortese, 1999). Une autre explication, d'ordres politique et économique, est que l'admission de lieux-propriétaires permet d'instaurer « un équilibre entre les choses, indépendant de la volonté des sujets » (Conte, 2013), c'est-à-dire des humains, de sorte que cette solution est susceptible de remettre en cause notre liberté de disposer des biens.

Or, il n'est pas sûr que nous soyons prêts à renoncer à leur commerce ou libre circulation.

Sans prétendre à l'exhaustivité, on pourrait encore avancer — pragmatiquement — que pour reconnaître des droits aux lieux, nous ne disposons d'aucun fondement juridique. Certes, mais il n'est pas certain que cette réponse soit entièrement satisfaisante. Car comment expliquer que l'idée de maisons-propriétaires puisse perdurer en certains villages du Massif central si ce n'est parce que nous disposons encore des moyens juridiques de la penser ? De fait, pour signifier l'appartenance de droits à des maisons bien qu'il ne soit plus envisageable de reconnaître des droits à d'autres êtres que les humains, les juristes ont recours à une notion classique du droit civil : celle de servitudes. Ainsi, au Goudoulet, dans certains mémoires d'avocat, les droits dans les forêts, chemins ou pâturages appartenant aux vieilles maisons du village sont qualifiés de servitudes. C'est que ces droits d'usage mettent des fonds de terre au service des fermes sises au village. De même qu'une servitude désigne, selon l'article 637 du code civil, « une charge imposée sur un héritage (comprendre un fonds de terre) pour l'usage et l'utilité d'un héritage appartenant à un autre propriétaire », les droits d'usage constituent une charge imposée sur les sectionaux (ou communaux) du village pour l'usage et l'utilité des fermes appartenant aux villageois.

Loin d'être propre au Goudoulet, la qualification de servitude est généralement retenue par les jurisconsultes du XIXe siècle pour rendre compte des droits d'usage collectifs de villages. S'agissant des droits aux bois, chemins ou pâturages de communautés villageoises, les traités relatifs aux servitudes nous apprennent, en effet, que ces communaux (ou sectionaux), s'ils appartenaient tantôt à l'universalité des villageois, revenaient le plus souvent à leurs maisons, soit à l'ensemble des bâtiments ou corps de ferme situés en un lieu-dit. Et lorsque les droits dans les communaux étaient réputés appartenir aux maisons du village (plutôt qu'à leurs habitants), ils retenaient la qualification de servitude, les communaux étant les fonds servants des maisons, fonds dominants (Tétu, 1900, p. 45-46).

Rejoindre le mouvement des communs

Au regard du droit commun des servitudes, ces servitudes de villages présentent une spécificité : celle de ne pas relier une seule chose à une seule autre chose, un seul fonds de terre à un seul autre fonds de terre, mais une pluralité de choses (les communaux ou sectionaux) à une collection d'autres choses (des maisons), et intéressant les mêmes humains, mais à des titres distincts, en tant que propriétaires fonciers du village, d'une part, ès qualité de propriétaires de tel bâtiment, d'autre part. Cette singularité mérite d'être soulignée. Car elle indique que l'étude des servitudes pourrait participer de celle des communs. Pluriel, le mouvement contemporain des communs n'est pas aisé à définir, mais l'on peut dire qu'il renvoie, sur le terrain du droit, aux notions de chose commune, de patrimoine commun, de domaine public, d'indivision ou de copropriété. De manière approximative, nous pouvons le présenter comme un mouvement de réhabilitation d'une pluralité de formes de propriétés collectives, dépréciées, méconnues, sinon oubliées au fil des trois siècles derniers, c'est-à-dire depuis que la propriété est ramenée au seul type de la propriété individuelle, exclusive et souveraine.

En restant dans cette perspective, celle du modèle propriétaire de la « maîtrise-souveraine », il demeure toutefois possible de penser la propriété à plusieurs : en reconnaissant la personnalité morale d'un groupement d'humains autour de biens mis en commun, on tient la propriété du collectif pour la propriété d'une seule personne. Le droit des sociétés offre une multitude de ces communs individualisés au moyen de leur personnification. Ainsi les sociétés commerciales, mais également les mutuelles, les associations ou les coopératives, sont des personnes morales. Il en va aussi des groupements de personnes physiques, c'est-à-dire d'humains, qui agiraient pour la défense d'intérêts distincts de leurs intérêts individuels et qui disposeraient des moyens de s'exprimer collectivement[7]. Tel est le cas, encore, des communautés villageoises dont les communaux ou sectionaux sont désormais réputés appartenir à la personne morale de la commune ou à celle de la section de commune.

La personnification des groupements d'êtres humains autour de biens mis en commun est sans doute favorable au développement du commerce, mais il n'est pas certain qu'elle aide au maintien de communautés et, en particulier, des communautés villageoises, qui se sentent alors dépossédées de leurs biens et sont, dès lors, portées à s'en désintéresser. D'où cette question : ne pouvons-nous penser ces communs sans recourir à la personnalité morale, et donc à la propriété individuelle ? À l'examen, le code civil comprend cette possibilité : son article 542 dispose que « les biens communaux sont ceux à la propriété ou au produit desquels les habitants d'une ou plusieurs communes ont un droit acquis ». Demeurée inchangée dans sa lettre depuis 1804, la disposition légale énonce que les communaux appartiennent, non aux communes, mais à leurs habitants. *A priori*, nous avons là un authentique cas de propriété collective, irréductible à une somme de propriétés individuelles portant sur des quotes-parts comme en matière d'indivision. Avec les servitudes villageoises, nous découvrons une deuxième possibilité de penser des communs sans le secours de la personnalité morale : une collection de droits en des fonds de terre sont dits appartenir à une collection de maisons.

La solution des terres-propriétaires pourrait donc nous aider à penser des communs sans user de l'expédient de la personnification. Plutôt que de réputer les communaux (ou sectionaux) propriétés de la personne morale individuelle de la commune (ou de la section de commune) — première option —, propriétés de la collectivité ou généralité des habitants de la commune (ou de la section de commune) — deuxième option —, ces biens ou droits seraient réputés appartenir à des terres de la commune (ou de la section de commune) — troisième option. Autrement dit, pour reconnaître des droits à un ensemble de fonds de terre, on n'emprunterait ni la voie de la personnalité morale et, partant, de la propriété individuelle (article L. 2411-1 du code général des collectivités territoriales), ni celle de la propriété collective (article 542 du code civil), mais celle de la propriété des terres, au sens de la propriété qu'auraient des terres ensemble, et ce en rouvrant le chapitre du code civil relatif aux servitudes (article 637 et suivants dudit code).

Renouveler la vision des communs

En offrant une troisième solution pour penser les communs, du moins fonciers, la solution des terres-propriétaires pourrait encore aider à la résolution de l'un des problèmes posés par la définition souvent donnée des communs : sur la base des travaux d'Elinor Ostrom, les communs sont généralement présentés comme le rassemblement de ressources par une pluralité d'utilisateurs — les *communers* ou communiers — qui définissent des règles d'accès et de prélèvement, disent quels sont les ayants droit et les exclus de ces droits et, enfin, veillent au respect desdites règles et au traitement des conflits que leur application peut faire naître (Coriat, 2013, 2015). À bien y regarder, cette vision des communs ne déroge pas à la manière occidentale moderne de penser : les animaux, les minéraux et les végétaux sont ces ressources dites naturelles que réunit une communauté uniquement composée d'humains pour définir des règles d'accès, de prélèvement, de résolution des conflits, etc. À l'examen, cette définition souvent reprise des communs réitère la *summa divisio* des choses et des personnes, comprise comme une opposition des objets aux sujets de droit. Loin d'accéder au rang de personnes-communières, les non-humains continuent d'appartenir à la catégorie des choses-ressources, ayant vocation — dans cette perspective moderne — à circuler et à être librement échangés par les premiers. Or, en empruntant la voie des servitudes, l'on dépasserait cette division des choses-objets et des personnes-sujets sous-jacente à la vision ostromienne des communs (Maurel, 2019a, b, c). Car ici les non-humains, en l'occurrence les fonds de terre, ne seraient pas ces ressources dites naturelles que des communautés exclusivement formées d'humains auraient choisi de rassembler, mais les membres mêmes de ces communautés. En cette hypothèse, les communiers ne seraient autres, en effet, que les terres mêmes.

Dans les termes de l'anthropologue Philippe Descola, nous dirions que les servitudes usagères des communautés villageoises pourraient offrir le moyen de penser des collectifs non naturalistes, c'est-à-dire des collectifs non exclusivement composés d'humains, échappant, de ce fait, aux conceptions occidentales modernes. Dans *Par-delà nature et culture* (2005), le professeur conceptualise différentes manières de vivre la condition humaine. Face à un être non humain, avance-t-il, l'être humain né et vivant en Occident après la Renaissance a tendance à reconnaître aux non-humains des caractéristiques morphologiques et physiologiques comparables à celles des humains, mais à leur dénier une même intentionnalité, subjectivité et capacité de réflexion, une même aptitude à signifier, rêver ou être affecté. Cette disposition générale à l'égard des êtres végétaux, minéraux ou animaux conduit à vivre la condition humaine d'une manière que l'anthropologue qualifie de naturaliste. À l'évidence, la conception juridique occidentale moderne peut être dite naturaliste en ce qu'elle réitère cette césure entre humains et non-humains : pivot de notre droit, la *summa divisio* des choses et des personnes invite, dans son acception moderne, à considérer les non-humains, qualifiés de choses, sous leur seul aspect visible et tangible, tels des *res extensa*, et les humains, qualifiés de personnes, comme des entités privilégiées car douées ou dotées d'une libre volonté.

Mais ce que soutient Philippe Descola est que le naturalisme ne représente pas la seule manière de vivre la condition humaine. Il existerait trois autres modes : l'animisme, le totémisme et l'analogisme. Or ce dernier mode pourrait présenter un intérêt spécifique pour nous : disposant les humains à supposer que les autres êtres humains et non humains sont dotés d'une intériorité et d'une physicalité distinctes des leurs, l'analogisme ne serait pas entièrement inconnu de nous autres Occidentaux. En effet, la manière analogiste de vivre la condition humaine aurait été celle des Européens jusqu'à la fin de la Renaissance, de sorte que la façon la plus simple, la voie la plus praticable pour sortir du naturalisme prévalant depuis le XVIIe siècle serait de recourir à l'analogisme. C'est dire que pour sortir de la conception juridique occidentale moderne et briser la division des choses et des personnes, comprise comme une opposition des objets aux sujets de droit, nous devrions prêter attention aux systèmes de droit précédant la fin de la Renaissance. C'est dire aussi que la théorie des terres-propriétaires, exposée au XIIe siècle, aurait été formulée à un âge analogiste, et que, s'agissant des servitudes de village, les ensembles de terres affectés au service les uns des autres pourraient former autant de collectifs analogistes.

Pour suivre cette hypothèse d'un droit, voire de collectifs analogistes, je me reporterai au principal texte sur lequel l'anthropologue se fonde pour expliciter l'ontologie analogiste en Europe. Il s'agit de *La prose du monde*. Dans ce chapitre de *Les mots et les choses* (1966), Michel Foucault distingue quatre grandes formes de ressemblances entre les choses présidant à l'âge classique : à savoir les relations de convenance, d'émulation, d'analogie et de sympathie. Se pose alors cette question : pour reconnaître des droits aux choses de la nature sans les personnifier, pour renouer avec une vision du droit davantage orienté vers la stabilité des situations que vers la libre circulation des biens, pour penser des communs dans lesquels les fonds de terre ne figureraient plus au titre des ressources naturelles, ne pourrions-nous redécouvrir ces formes de relations entre les choses qui auraient tant importé au XVIe siècle ? De fait, les historiens du droit insistent sur les relations entre les choses pour comprendre le droit médiéval : tandis que l'âge moderne reposerait sur l'opposition entre le libre vouloir des sujets de droit et l'entière disponibilité des objets de droit, l'âge médiéval s'organiserait autour des choses du droit. Quand le droit moderne pourrait être qualifié de subjectiviste, le droit médiéval serait justement dit réicentriste (Grossi, 1995, p. 88-89).

Concernant l'âge médiéval, Emanuele Conte enseigne plus précisément que le droit se caractérise, alors, par une « quête de stabilité » s'exprimant « dans la relation entre choses » et repérable dans « deux types d'expression "savante" : soit dans l'élargissement des objets qui sont considérés comme des choses, soit dans l'extension des possibilités d'établir des servitudes réelles, c'est-à-dire, précisément, des relations des choses entre elles » (Conte, 2013). On s'aperçoit alors que la proposition de reconnaître des droits aux choses de la nature *via* le droit des servitudes pourrait être l'un des leviers à partir duquel faire basculer la conception juridique moderne, subjectiviste et naturaliste, pour dessiner un autre droit, possiblement écologiste, réicentriste et analogiste. Loin d'intéresser la seule notion de propriété, la redécouverte des servitudes pourrait donc toucher jusqu'à notre tradition civiliste ou romano-germanique.

Changer notre vision du droit

On pourrait, bien sûr, douter de l'utilité d'un travail consistant à inventer de toutes pièces un droit adapté à notre temps. Mais l'entreprise ne consisterait pas à créer un monde juridique *ex nihilo*. D'abord, notre code civil comprend toujours plusieurs dizaines d'articles relatifs aux servitudes, de sorte qu'il n'est pas certain que nous soyons entièrement démunis pour établir des relations des choses entre elles et reconnaître, éventuellement, des lieux-propriétaires. Ensuite, loin d'être chimérique ce droit semble avoir commencé à exister. Avec l'émergence du droit de l'environnement, nous pourrions, en effet, assister à la remise en cause du subjectivisme juridique et à la renaissance d'une forme de réicentrisme : né dans les années 1970, le droit de l'environnement s'inspire déjà des solutions de l'ancien droit pour la réglementation des milieux fragiles, notamment, des zones humides (Fromageau, 2015). Enfin, il est permis de se demander si plusieurs des récentes innovations du droit de l'environnement, en particulier, celles apportées par la loi pour la reconquête de la biodiversité, de la nature et des paysages du 8 août 2016, ne gagneraient pas à être interprétées dans ces nouveaux termes, réicentrés. Ainsi la réparation du préjudice écologique, l'obligation réelle environnementale, la notion de service écologique, la compensation écologique ou le principe de solidarité écologique ne feraient-ils pas advenir de nouvelles choses, ainsi que de nouvelles relations entre les choses, anciennes ou nouvelles, sur la scène juridique actuelle ?

Porter un tel regard sur les innovations du droit de l'environnement pourra être critiqué comme empreint de naïveté. Car, s'il vise officiellement à protéger la nature, et à lutter contre les nuisances et les pollutions, le droit de l'environnement peut être interprété comme un droit au service d'une société qui ne remet en cause ni la place de la technique, ni l'objectif de la croissance, ni les rapports des Occidentaux avec leurs milieux de vie. Comme l'objectif du développement durable, le droit de l'environnement assure, de ce point de vue, la perpétuation d'un mode industriel de vie. En instaurant des seuils à ne pas dépasser, par exemple des niveaux de bruits à émettre ou des quantités de produits polluants à rejeter, cette discipline contribuerait à rendre acceptable le maintien d'infrastructures de transports ou d'autres industries polluantes. On pourrait aller plus loin encore, et soutenir que le droit de l'environnement constitue une force d'opposition aux utopies de politiques écologiques. Pensons aux zones d'aménagement différé à défendre ou à désirer (ZADs), installées sur les sites prévus pour l'édification du barrage de Sivens, la construction de l'aéroport Notre-Dame-des-Landes ou l'enfouissement, à Bure, des déchets nucléaires. En chacun de ces lieux, transformés en espaces de contestation, des militants écologistes occupent ou occupèrent des sites choisis pour des projets d'installations classées pour la protection de l'environnement (ICPE) au nom du préjudice que ces aménagements causeraient à la nature, à la biodiversité ou aux paysages. Tout se passe alors comme si le droit de l'environnement avait pour fonction de limiter, ralentir, voire de couper la poussée de telles utopies en instituant des zones juridiques d'exception : aéroport, barrage ou décharge. Dans cette veine, on pourrait encore relever que le droit de l'environnement participe à la financiarisation de la nature et à l'extension du monde marchand en attribuant des droits de polluer certains milieux moyennant la conservation ou la restauration de ceux-ci sur d'autres sites. Ainsi, le programme international REDD (Réduire les émissions de gaz à effet de serre en luttant contre la déforestation et la dégradation des forêts) devrait permettre aux entreprises des pays du Nord de poursuivre leurs activités polluantes grâce aux efforts consentis par les pays du Sud pour préserver les forêts tropicales, lesquelles captent du dioxyde de carbone et protègent l'atmosphère. De même, en France, les nouveaux sites naturels de compensation entérinent la destruction de biodiversité sur certaines zones contre la production de biodiversité en d'autres lieux.

C'est en contrepoint de cette vision du droit de l'environnement comme vecteur de marchandisation de la nature et d'extension de la conception occidentale moderne du monde que je défendrai cette thèse qu'il est non seulement possible, mais souhaitable en l'état, de proposer une autre lecture — éco- et réicentrée — de ce droit émergent. L'idée n'est donc pas de contester les analyses critiques qui ont été faites de certaines innovations du droit de l'environnement, aux points de vue écologique, social, économique ou éthique. Il s'agit de tenter un coup de force interprétatif, c'est-à-dire de convertir, ou « hacker » ces notions et mécanismes du droit de l'environnement qui, tout en obéissant à une logique que l'on pourrait approximativement qualifier de capitaliste, marque l'émergence d'une conception réicentrée. Plutôt que de revenir sur l'existence des marchés du carbone ou de la biodiversité afin d'encourager leur déploiement ou, à l'inverse, leur abandon, je propose d'acter leur entrée sur la scène juridique afin de leur donner une nouvelle signification ou direction.

Aussi, tenterons-nous de découvrir au cœur des notions et mécanismes du droit de l'environnement un droit que l'on pourrait qualifier d'écologiste, de réicentriste, voire peut-être d'analogiste. Pour plus de facilité, l'on examinera essentiellement les innovations précitées de la loi pour la reconquête de la biodiversité, de la nature et des paysages. On rendra alors compte des notions ou mécanismes récents de ce droit au regard du mode de relations qu'elles présupposent ou tissent entre les choses : des relations de convenance, d'émulation, d'analogie et de sympathie (selon les quatre grands types de relations entre les choses décrits dans *La prose du monde*). Ce faisant, nous commencerons à dessiner les premiers linéaments des droits des choses voisines, jumelées, analogues et amies, reposant respectivement sur les notions de servitudes prédiales, de servitudes écologiques, de compensation écologique et de communautés d'habitants.

Les servitudes prédiales, un droit des choses voisines

La première forme de relations entre les choses, présentée dans *La prose du monde*, est la convenance : sont « convenantes » les choses qui se jouxtent ; celles dont les franges se mêlent, dont les bords se touchent ; celles qui sont géographiquement situées à proximité. Ces choses-là, écrit Foucault, se ressemblent car « la nature » les a placées, situées dans un même lieu, et parce que naissent, de leur contact, de « nouvelles ressemblances » si bien qu'« un régime commun s'impose » (Foucault, 1966, p. 33-34). Or le droit des servitudes ou, plus exactement, le droit des servitudes réelles, qui relient des choses entre elles, n'est autre qu'un droit de choses territorialement proches. Encore dénommées services fonciers ou servitudes prédiales parce qu'elles intéressent uniquement les héritages, autrement dit les fonds de terre, ces servitudes supposent une certaine proximité entre ces derniers. Comme l'explique un juriste du XIXᵉ siècle, la servitude réelle suppose qu'un avantage puisse être apporté par un fonds de terre à un autre fonds de terre. Aussi faut-il que les « deux fonds soient voisins, *vicina*, c'est-à-dire qu'il n'y ait pas entre eux une distance telle que l'exercice de la servitude soit impossible ». Précisons que « la vicinité ne consiste pas nécessairement dans la contiguïté des deux fonds (…) mais dans l'absence des causes extérieures qui pourraient empêcher l'avantage de se produire » (Thomas, 1870, p. 180, 218-219, 276). En d'autres termes, « les servitudes supposent le voisinage, la proximité géographique, pas nécessairement la contiguïté des deux fonds » (Carbonnier, 1978, § 159). Elles « contribuent à l'organisation des rapports de voisinage, en enfermant dans un réseau d'obligations les rapports entre propriétaires voisins » (Larroumet, 2006, § 792).

Que le droit des servitudes réelles soit un droit des choses voisines n'établit évidemment pas qu'il participe d'une conception juridique a-moderne. Il est toutefois permis d'en faire l'hypothèse. Car, en conférant des droits à des fonds de terre en d'autres fonds de terre et, partant, à des choses, les servitudes prédiales contreviennent à ce principe fondamental du droit moderne selon lequel seules les personnes ont des droits[8]. Pour s'en assurer, repartons de la définition des servitudes fournie par le code civil à son article 637 : une « servitude est une charge imposée sur un héritage pour l'usage et l'utilité d'un héritage appartenant à un autre propriétaire ». Ainsi donc une servitude est une charge imposée sur une chose, et non sur une personne, pour l'usage et l'utilité d'une autre chose, non d'une personne. Relatif aux servitudes établies par le fait de l'homme ou servitudes conventionnelles, l'article 686 en apporte la confirmation, qui accorde aux propriétaires la permission « d'établir sur leurs propriétés, ou en faveur de leurs propriétés, telles servitudes que bon leur semble, pourvu néanmoins que les services établis ne soient imposés ni à la personne, ni en faveur de la personne, mais seulement à un fonds et pour un fonds ».

L'insistance des rédacteurs du code civil — une servitude relie des choses, non des personnes — n'a pas échappé à ses commentateurs. Ainsi un jurisconsulte enseigne que les servitudes prédiales supposent l'existence d'une relation entre deux fonds considérés « pour eux-mêmes, *per se*, d'une manière directe et principale, indépendamment de la personne des propriétaires » (Demolombe, 1867, § 678). Néanmoins, la majorité des auteurs conçoit mal qu'un fonds puisse être obligé de rendre service à un autre fonds lequel tirerait bénéfice dudit service.

Noter le refus d'une lecture littérale du droit des servitudes prédiales

Ainsi certains précisent que ce sont les personnes des propriétaires fonciers qui, en vérité, profitent des avantages, non les fonds (Marty et Raynaud, 1980, p. 191) ou relèvent que l'opposition « entre le service qui profite au fonds et celui qui profite à la personne a quelque chose d'inintelligible » (Planiol *et al.*, 1952, § 944-945). Une partie de la doctrine contemporaine se montre plus véhémente encore : la disposition du code civil selon laquelle le service « ne doit pas être établi en faveur de la personne, mais pour un fonds » serait « évidemment inexacte », selon un professeur (Mazeaud, 1994, n° 1711). Ce serait « s'illusionner que de voir dans la servitude un rapport entre les fonds » et même « absurde d'envisager un immeuble débiteur », selon un autre (Larroumet, 2006, § 808).

Il n'en reste pas moins que plusieurs articles du code civil laissent entendre que des fonds débiteurs, ceux que l'on nomme les fonds servants, sont tenus d'exécuter des prestations de service au profit de fonds créanciers, appelés fonds dominants. Par exemple, l'article 699 dudit code vise le « fonds auquel la servitude est due », l'article

701 traite du « fonds débiteur de la servitude » et plusieurs autres articles font état du « fonds assujetti ». Mais une interprétation littérale des textes paraît impossible : s'ils se montrent d'abord prudents et observent simplement que la règle exigeant que le service profite au fonds est « à première vue, un peu obscure », puisqu'une « chose, telle qu'un fonds, ne peut être créancière », des commentateurs vont, ensuite, jusqu'à affirmer qu'il « est incorrect de dire qu'une dette est imposée à la chose » et qu'il est même « encore plus incorrect de dire que le fonds dominant est créancier ». Car « les droits profitent » et ne « profitent jamais qu'aux personnes, et non aux choses » (Malaurie et Aynès, 2017, § 1109-1112 ; Planiol *et al.*, 1952, § 944-945). On s'aperçoit ici que le refus de penser l'attribution de créances et de dettes, soit de droits et d'obligations à des choses, s'arrime directement à la *summa divisio* des personnes et des choses, comprise comme une opposition des sujets de droit (les humains ou groupes d'humains) et des objets de droit (les non-humains, dont les fonds de terre). C'est parce que cette division apparaît intangible aux yeux des juristes qu'ils n'hésitent pas à qualifier les dispositions relatives aux servitudes d'inintelligibles, d'inexactes, d'absurdes ou d'incorrectes.

Les commentateurs du code civil ne peuvent toutefois pas laisser à penser que ses rédacteurs seraient des imbéciles, et il leur faut trouver une explication. Aussi, arguent-ils d'un effet de style : affirmer d'une chose qu'elle doit un service à une autre ne serait qu'une « façon de parler », une « image », une « métaphore », une « commodité de langage » ou l'effet d'une « mise en scène » (Malaurie et Aynès, 2017, § 1109-1112 ; Mazeaud, 1994, n° 1711, p. 430 ; Larroumet, 2006, § 790). À l'évidence, le code civil ne saurait vouloir dire ce qu'il dit : une fiction nous conduirait à faire comme si une entité non humaine, en l'occurrence un fonds de terre, était obligée de rendre service à une autre entité non humaine quand, en réalité, il n'en serait rien. La bêtise manifeste du législateur élucidée, les juristes peuvent expliquer ce que ces dispositions ont de si ridicule à leurs yeux (et de si beau aux nôtres) : c'est que nous renouerions avec cette tendance naïve, sinon primitive, à attribuer des formes ou des caractères humains à des divinités, des forces de la nature, des animaux, des plantes, et pêcherions, alors, par anthropomorphisme. Des auteurs énoncent, en effet, que l'attache d'un « surcroît de prérogative » au fonds dominant « se traduit par une terminologie anthropomorphique, que l'on trouve jusque dans les articles » 701, 702 et 705 du code civil, lesquels traitent des fonds servant ou dominant comme des débiteur ou créancier de la servitude (Terré et Simler, 2017, § 1109). L'un d'entre eux s'exprime même avec une certaine condescendance à l'endroit des rédacteurs du code qui, « sans doute victimes d'un anthropomorphisme excessif », ont pu « qualifier un fonds de débiteur de la servitude » (Seube, 2017, § 315). On comprend leur vision tant il est vrai que l'anthropomorphisme est généralement connoté de manière péjorative (comp. Morizot, 2020, p. 95-98), mais pour nous qui recherchons les moyens de sortir d'une conception moderne ou naturaliste du droit, cette approche apparaît ô combien précieuse : voici des articles du code civil qui invitent à ne pas ravaler les êtres non humains, en particulier les fonds de terre, à la condition de matériaux inanimés, mais à les envisager comme des entités actives, pourvoyeuses ou bénéficiaires de services entre elles.

Inviter à adopter une lecture littérale du droit des servitudes prédiales

Disons au préalable que l'on peut être d'autant plus tenté d'adopter une interprétation littérale du droit des servitudes prédiales que les juristes qui la rejettent se livrent à des acrobaties pour maintenir leur position. Contraints d'arraisonner le droit des servitudes, les uns substituent les propriétaires fonciers aux fonds de terre comme termes du rapport de servitude (Larroumet, 2006, § 790), les autres proposent de personnifier les fonds de terre, soit les termes de la relation (Carbonnier, 2001, p. 362 et s. ; Carbonnier, 1978, n° 46 et 56) quand d'autres encore requalifient la relation entre les fonds, et dénient à la servitude sa qualité de droit (Dross, 2017, § 381).

À l'inverse, les commentateurs qui s'en tiennent à la lettre du texte ne rencontrent pas ces difficultés. Ainsi Baudry-Lacantinerie et Chauveau considèrent la servitude comme une charge par rapport au fonds qui la doit, et un droit par rapport au fonds auquel elle est due (Baudry-Lacantinerie et Chauveau, 1896, § 790-791). De même Aubry et Rau énoncent que les servitudes réelles peuvent être comprises « soit activement et comme droits, soit passivement et comme charges » (Aubry et Rau, 1897-1902, p. 112-114). Les servitudes sont, dès lors, conçues comme des qualités inhérentes aux choses ; ce sont des qualités actives ou passives des fonds, qui ne peuvent s'en détacher et qui, partant, les suivent, indépendamment de toute stipulation et en quelques mains qu'ils passent (*ibid.*). Plus récemment, Éric Meiller définit la servitude comme l'expression de la destination du fonds servant. Plus précisément, une servitude serait « une affectation que le propriétaire du fonds servant ne peut changer sans l'accord du propriétaire du fonds dominant » (Meiller, 2012, p. 392-397). Affirmant que l'affectation du fonds servant n'est point « la conséquence contingente d'un droit subjectif », mais « l'essence même de la servitude », qu'une servitude ne découle pas d'un droit subjectif, mais qu'elle révèle et signifie, d'abord, la situation juridique des fonds, le juriste paraît même près de rompre avec la conception occidentale moderne. Il semble proche d'abandonner une conception subjectiviste, organisée autour de l'opposition entre le libre vouloir du sujet de droit — ici le propriétaire foncier — et l'entière disponibilité des objets de droit — les fonds de terre — pour adopter une vision réicentriste, articulée autour des choses du droit. Cependant, l'auteur se place sous l'égide de professeurs (Frédéric Zenati-Castaing et Thierry Revet) qui ne se départissent pas d'une conception subjectiviste : un service rendu par la chose, la servitude constitue un droit sur la chose d'autrui, donc un objet de propriété, laquelle ne serait autre que le droit subjectif. Autrement dit, tout se passe comme si une définition non subjectiviste de la servitude était adoptée, mais en régime subjectiviste. La conception moderne de la propriété rend la compréhension des servitudes malaisée : comprise tel un pouvoir de maîtriser absolument un fonds immobilisé, la propriété foncière apparaît limitée par la mise au service de celui-ci au profit d'un autre fonds.

Il y aurait pourtant une autre manière de penser la propriété permettant de rendre pleinement compte des servitudes : comprise tel un pouvoir d'habiter les fonds de terre, la propriété foncière obligerait leurs habitants-propriétaires à respecter leur écoumène ou milieu de vie dans leur interaction avec d'autres écosystèmes. Dans cette vision, les servitudes seraient les droits appropriés ou places occupées par un fonds en un autre fonds. Ces droits existant dans des choses asservies à d'autres, obligeraient les habitants-propriétaires de celles-là à accomplir certaines actions ou à s'abstenir d'autres actions, afin de respecter l'affectation de leur habitat ou terre au fonds dominant. En d'autres termes, une servitude serait un droit dans la chose (*jus in re*) approprié par une autre chose (ou *res*), et contraignant les dénommés propriétaires de celle-ci (c'est-à-dire ses habitants attitrés) à exécuter des obligations aux fins de respecter l'affectation d'une chose à l'autre. Quant aux dits propriétaires (ou habitants avec titre) de la chose dominante, ils bénéficieraient médiatement de la prestation de service rendue par la chose servante ; ils profiteraient indirectement de la propriété qu'aurait la chose habitée, d'un droit de créance à l'encontre d'une autre chose. Prenons l'exemple d'un service de pacage dû par des pâturages, fonds servant, aux fermes d'un hameau, fonds dominant : quoiqu'ils ne soient pas créanciers du service dû par des terres à leurs demeures, les villageois en tirent des moyens de subsistance et peuvent être obligés, vis-à-vis de leurs maisons, de s'abstenir ou, au contraire, d'accomplir certaines actions, par exemple, d'entretien de canaux ou des chemins, et vis-à-vis des parcours à les garnir, par exemple, de bétail dans une juste proportion.

Reconnaître une intentionnalité à la nature et réinventer le droit naturel

On distingue classiquement trois types de servitude selon leur origine : les servitudes naturelles, les servitudes légales et les servitudes conventionnelles. C'est que l'article 639 du code civil prévoit qu'une servitude « dérive ou de la situation naturelle des lieux, ou des obligations imposées par la loi, ou des conventions entre les propriétaires ». Comme l'article 637 du même code (qui définit la servitude comme une relation entre héritages), cet article 639 embarrasse une partie de la doctrine : poser que des obligations peuvent découler de la configuration des lieux apparaît tout aussi inconséquent que d'attribuer des obligations aux fonds de terre. C'est pourquoi beaucoup d'auteurs n'hésitent pas à ranger les servitudes dites naturelles dans la catégorie des servitudes légales (Planiol *et al.*, 1952, p. 879 ; Aubry et Rau, 1897-1902, § 328). Encore une fois, ce serait par facilité ou commodité de langage que les rédacteurs du code civil s'exprimeraient. En l'occurrence, ils sembleraient reconnaître une intentionnalité aux fonds de terre quand, en vérité, les choses de la nature seraient inertes.

Cependant, d'autres jurisconsultes notent que l'article 640 du code civil relatif à la servitude d'écoulement naturel des eaux provenant des fonds supérieurs ne fait que « sanctionner un état de choses créé par la nature elle-même » (Aubry et Rau, 1897-1902, § 239). Certains reconnaissent clairement à la nature un pouvoir normatif et expliquent que les servitudes naturelles « sont écrites en quelque sorte sur le sol par la nature elle-même » (Baudry-Lacantinerie et Chauveau, 1896, § 817-820). Des servitudes d'écoulement des eaux, on peut même dire que c'est « véritablement la nature qui les a écrites elle-même sur les héritages tels qu'ils sont, pour ainsi dire, sortis de ses mains » (Duranton, 1828, § 144-145). Également persuadé que ces servitudes sont « imposées par la nature », un autre interroge son lecteur : n'est-ce pas « la loi naturelle, qui soumet le fonds inférieur à recevoir (…) les rocs et les éboulements du terrain qui se détachent d'en haut ? » (Solon, 1837, § 19). Ainsi, une partie de la doctrine élève la nature au rang de source du droit des servitudes. Sans doute, cette position n'emporte-t-elle pas le refus de toute forme de positivisme juridique. Car les servitudes dessinées par la nature n'en sont pas moins enregistrées et consacrées par la loi. Mais la question du droit naturel se pose : existant « par la force même des choses » et ayant « avant tout, pour cause la disposition des terrains, la conformation des propriétés », les servitudes dérivant de la situation des lieux nous apparaissent « pour ainsi dire, sur le sol, tel que Dieu lui-même l'a fait (…) » (Demolombe, 1867, p. 9). Le lien avec le jusnaturalisme est expressément établi par Carbonnier, qui observe que ces servitudes « résultent d'une situation naturelle et de la force des choses (du droit naturel), non pas d'une disposition plus ou moins arbitraire du législateur » (Carbonnier, 1978, p. 193).

Cela signifierait-il que les juristes de la tradition civiliste ne sauraient sortir de la conception occidentale moderne sans renouer avec les présupposés du droit canon, avec l'histoire judéo-chrétienne et la croyance en un dieu unique ? Mais peut-être pourrions-nous réinterpréter le droit à la lumière d'autres spiritualités, de certaines formes de paganisme, et voir dans les servitudes dérivant « de la situation naturelle des lieux » autant de rapports commandés par les dieux et déesses de la biodiversité, par des divinités immanentes aux fonds de terre. Le cas échéant, les servitudes autoriseraient à jeter des ponts avec d'autres façons que celle occidentale moderne de vivre la condition humaine, et qui ne rangent pas les non-humains, en particulier, les fonds de terre dans la catégorie des choses inanimées. Dans cette perspective, nous pourrions notamment relire les articles 703 et 704 du code civil relatifs à l'extinction des servitudes : « les servitudes cessent lorsque les choses se trouvent en tel état qu'on ne peut plus en user », dispose le premier ; « elles revivent si les choses sont rétablies de manière qu'on puisse en user », prévoit le second. Ainsi la servitude de puisage s'éteint lorsque la source d'eau se tarit, mais revit quand celle-ci rejaillit. Car la servitude retrouve son utilité et peut, à nouveau, être exercée. N'est-ce pas à dire alors que la loi reconnaît aux forces de la nature un pouvoir de dire le droit ? N'est-ce pas que les Naïades, nymphes des sources, des fontaines et des lacs, s'emploient à dessiner, puis commandent partie des relations juridiques ou servitudes entre les fonds de terre ?

Mesurer le potentiel écologique et le domaine des servitudes prédiales

Sur le plan écologique, les servitudes prédiales pourraient présenter quelque intérêt dans la mesure où il existe un principe de fixité des servitudes susceptible d'assurer la pérennité ou la durabilité de la mise au service d'une terre au profit d'une autre terre. Ce principe rappelle l'objectif de stabilité des situations, recherché à l'époque médiévale et justifiant, précisément, l'établissement de servitudes. Il résulte de l'article 701 du code civil, qui dispose que le propriétaire du fonds servant ne peut « changer l'état des lieux, ni transporter l'exercice de la servitude dans un endroit différent de celui où elle a été primitivement assignée », et de l'article 702, qui prévoit que le propriétaire du fonds dominant ne peut « faire ni dans le fonds qui doit la servitude, ni dans le fonds à qui elle est due, de changement qui aggrave la condition du premier ». Cette fixité est d'autant mieux assurée que la servitude a vocation à la perpétuité : parce que la servitude est une dépendance du fonds dominant, qu'« elle ne peut être détachée de cette propriété, être cédée, saisie ou hypothéquée indépendamment de ce fonds » (Terré et Simler, 2014, n° 873), et que la propriété foncière est potentiellement perpétuelle, les servitudes sont également réputées telles. Enfin, la servitude devant profiter au fonds bénéficiaire, non aux propriétaires fonciers, les intérêts des fonds, tout du moins de ce dernier, devraient prévaloir sur les intérêts humains et, partant, prévenir le dépérissement ou l'appauvrissement des terres.

Bien sûr, ce sont là des principes assortis de limites. Pour commencer, les servitudes conventionnelles, établies par les propriétaires des fonds, peuvent être temporaires. Ensuite, les servitudes, si elles ont vocation à la perpétuité, s'éteignent par leur non-usage au terme de trente années. De plus, l'aliéna 3 de l'article 701 du code civil prévoit une dérogation au principe de fixité : lorsque l'assignation primitive devient plus onéreuse au propriétaire du fonds assujetti, ou quand elle l'empêche d'y faire des réparations avantageuses, il peut offrir au propriétaire de l'autre fonds un endroit aussi commode pour l'exercice de ses droits, et ce dernier ne peut, alors, le refuser. Enfin, certaines des dispositions relatives aux servitudes n'apparaissent pas écologiquement vertueuses. Par exemple, celles relatives aux distances à respecter pour les plantations sur des fonds voisins autorisent à élaguer des arbres et faire obstacle à leur avancement dès lors qu'ils dépassent la frontière des fonds de terre, et ce, sans préciser que la coupe ne doit pas représenter un danger pour les arbres ou, tout au moins, pour certains arbres présentant un intérêt supérieur en termes, par exemple, de biodiversité (voir les articles 671 à 673 du code civil).

Quant au domaine des servitudes prédiales, il se réduit, comme l'indique l'étymologie, aux héritages. Or si certains auteurs considèrent que l'héritage aurait « logiquement » dû, « dans sa généralité, désigner toute propriété soit mobilière, soit immobilière » (Baudry-Lacantinerie et Chauveau, 1896, § 792), la servitude du code civil relie nécessairement des fonds de terre, soit des terrains non bâtis ou des bâtiments (art. 687 du code civil). Concrètement, cela signifie que l'on ne pourrait pas affecter des animaux ou du matériel agraire au service d'un fonds de terre. Car ces biens meubles par nature ne peuvent être qu'immeubles par destination, d'une ferme ou d'une exploitation agricole, par exemple. De même, des droits immobiliers ne pourraient pas davantage être affectés au service d'un fonds dès lors que ces biens sont immeubles par l'objet auquel ils s'appliquent seulement. Autrement dit, les servitudes prédiales ne sauraient être employées pour faire des legs ou des donations de biens meubles à des lieux-propriétaires, comme il en était fait jadis à des temples ou églises.

Dans la mesure, encore, où les servitudes prédiales ont vocation à la perpétuité et où elles s'imposent aux héritiers des propriétaires fonciers les ayant constituées, comme à de potentiels acquéreurs ou donataires des fonds, l'on pourrait imaginer préserver durablement des terres en établissant des servitudes entre elles. En vertu de l'adage selon lequel « on ne peut avoir de servitude sur sa propre chose », il est néanmoins requis que les fonds servant et dominant appartiennent à des propriétaires différents. Cela signifie qu'un même propriétaire foncier ne pourrait affecter ses divers fonds les uns aux autres afin de les rendre interdépendants. Seul, un propriétaire ne pourrait pas grever ses fonds de manière à empêcher durablement, par exemple, l'artificialisation des sols. En revanche, plusieurs propriétaires fonciers pourraient établir des servitudes conventionnelles — de ne pas bâtir, de ne pas utiliser de produits phytopharmaceutiques, etc. — entre leurs fonds de terre et constituer ainsi un milieu, écosystème ou monde protégé.

Interroger le caractère liberticide des servitudes prédiales

Si le domaine des servitudes prédiales apparaît aujourd'hui singulièrement limité, c'est que les rédacteurs du code civil entendirent poursuivre l'idéal révolutionnaire de l'émancipation humaine individuelle et maintenir ferme l'abolition des privilèges. Or, les servitudes évoquaient le système féodal et, plus précisément, le joug du servage (Demolombe, 1867, p. 4-5). Dès lors, le législateur de 1804 s'employa à faire disparaître la majorité des servitudes à commencer par celles asservissant les serfs aux seigneurs. Au moins en apparence, le législateur supprima les servitudes personnelles — soumettant une personne à une autre personne —, les servitudes mixtes — soumettant une chose à une personne —, pour conserver les seules servitudes réelles — soumettant une chose à une chose — et, plus précisément, les seules servitudes prédiales — soumettant un fonds de terre à un fonds de terre.

En réalité, ce furent surtout les appellations qui disparurent. S'agissant des servitudes personnelles, il faut, en effet, préciser que l'article 1780 du code civil, s'il prohibe les engagements perpétuels, n'interdit pas que les humains engagent leurs services à d'autres pour un temps ou pour une entreprise déterminée, sans quoi nous ne connaîtrions ni contrats de travail, ni prestations de service. Désormais appelées droits personnels, les servitudes personnelles subsistent donc. Simplement, des conditions sont posées pour prévenir la résurgence de toute forme d'esclavage. Quant aux servitudes mixtes, non seulement elles demeurent, mais elles demeurent usuelles : appelées « droits réels », ce sont, par exemple, les droits d'usufruit, d'usage, d'habitation, d'emphytéose ou encore de jouissance spéciale. Où l'on voit que la notion de servitude intéresse un champ plus vaste que celui de la propriété, comprenant les obligations interpersonnelles de prester, soit de rendre service. À telle enseigne que l'étude des servitudes pourrait effectivement toucher aux fondements de notre droit, et autoriser un changement de la vision que nous en avons. Où l'on voit aussi que les servitudes ne signifient pas nécessairement la négation des libertés individuelles.

À cet égard, il faut rappeler que les servitudes ont existé hors la féodalité, et que la Révolution française entendit libérer ensemble les terres et les humains (Baudry-Lacantinerie et Chauveau, 1896, § 799) : en 1791, l'assemblée constituante proclama que le territoire français, dans toute son étendue, était libre comme les personnes qui l'habitaient, de sorte que les rédacteurs du code civil précisèrent, à l'article 638, qu'une servitude ne pouvait établir « aucune prééminence [ou supériorité] d'un héritage sur l'autre », mais sans interdire pour autant, à l'article 637, la mise au service d'une terre envers une autre (Demolombe, 1867, p. 4[9]). À mon sens, il y a là un point essentiel qui pourrait nous autoriser à partir de l'humanisme des modernes, pour aller vers une écologie des relations, mais sans renouer des liens de vassalité ou féodalité. En effet, si les terres sont libres, comme les personnes qui l'habitent, mais qu'elles demeurent autorisées à s'obliger envers d'autres entités, l'émancipation révolutionnaire peut être comprise autrement que comme une proclamation de pure autonomie ou indépendance. Si la liberté des terres est aussi celle de se lier à d'autres terres (services fonciers) ou à des personnes (droits réels), c'est que l'idéal révolutionnaire est un refus de la dépendance des terres et des personnes, mais au profit d'une interdépendance des êtres plutôt que de leur indépendance.

Dans *Manières d'être vivant*, Baptiste Morizot présente l'« imaginaire politique » moderne comme reposant sur une opposition entre indépendance et dépendance, et sur l'idée que nous aurions conquis notre indépendance en nous émancipant doublement : « à l'égard de la Nature pensée comme contrainte à notre liberté », d'une part, « et des appartenances sociales codées comme aliénantes pour l'individu », d'autre part. Détachés des héritages ou terres, les humains seraient, en plus, devenus autonomes les uns par rapport aux autres. De manière décalée, l'imaginaire politique contemporain pourrait véhiculer « une pensée écopolitique des interdépendances » qui ne chercherait plus à jouer « l'indépendance contre la dépendance », mais s'essayerait à « faire la différence entre les liens qui libèrent et les liens qui aliènent ». Dans cette perspective, explique le philosophe, « le problème devient cartographique, il consiste à distinguer les liens qui asservissent de ceux qui donnent de la puissance d'agir », les attachements « qui fragilisent de ceux qui vivifient » (Morizot, 2020, p. 273). Or, c'est précisément une carte que dessinent les servitudes réelles ou services fonciers : des charges imposées « sur un héritage pour l'usage et l'utilité d'un héritage appartenant à un autre propriétaire » (article 637 du code civil), les servitudes réelles établissent des liens entre des fonds de terre voisins. Elles découlent du rapport de proximité ou de vicinité existant entre divers fonds, et engagent des terres au service d'autres terres. Des services de passage aux services de puisage en passant par les services d'écoulement des eaux, la question devient alors celle de la pertinence des réseaux ainsi créés. Dans une vision écopolitique, la question n'est donc plus de savoir dans quelle mesure ces obligations des habitants vis-à-vis de leurs terres contreviennent au principe d'indépendance, mais si l'interdépendance des terres et des personnes ainsi créée ouvre des possibilités d'action.

Étendre le droit des choses au-delà des servitudes prédiales

Reposant sur un principe de fixité, susceptible de favoriser la préservation des terres, et interrogeant le risque d'atteintes aux libertés individuelles des politiques écologiques, le droit des servitudes présente une importance telle qu'une investigation au-delà des servitudes réelles, jusqu'aux servitudes mixtes, voire personnelles, pourrait être opportunément menée. Admettant l'existence d'un droit des choses (et non d'un droit aux choses), nous dépasserions d'emblée la conception occidentale moderne reposant sur la division des choses-objets et des personnes-sujets. À cet égard, il faut relever qu'outre l'anthropologie de la nature, ce sont la pédologie ou la science du sol, mais aussi l'éthologie et les travaux relatifs à « l'intelligence animale », ainsi que la biologie et les récentes avancées relatives à « l'intelligence végétale », qui invitent le juriste à se déprendre de cette habitude consistant à regarder les êtres non humains et, en particulier, les sols comme des choses inanimées. Chacune de ces sciences atteste que les fonds de terre, loin de former des entités inertes, sont composés d'une multitude d'êtres vivants qu'un animiste pourrait dire dotés d'une intentionnalité. Observons encore que le droit des choses voisines pourrait comprendre celui des troubles anormaux du voisinage : née d'un arrêt rendu le 27 novembre 1844 à l'occasion de nuisances environnementales, la théorie des troubles anormaux du voisinage permet d'engager la responsabilité de celui qui cause à son voisin un préjudice excédant la mesure normale des inconvénients du voisinage. Aux origines du droit de l'environnement, cette théorie représente toujours une part importante de celui-ci. Toujours est-il qu'au droit des choses voisines pourrait s'adjoindre un droit des choses jumelées.

Les servitudes environnementales, un droit des choses jumelées

La deuxième forme de relations entre les choses, présentée par Foucault dans *La prose du monde*, est l'*aemulatio*, soit « une sorte de convenance », mais qui « serait affranchie de la loi du lieu », et qui « jouerait, immobile, dans la distance. Un peu comme si la connivence spatiale avait été rompue et que les anneaux de la chaîne, détachés, reproduisaient leurs cercles, loin les uns des autres, selon une ressemblance sans contact » (Foucault, 1966, p. 34-35). Or il est permis de se demander si plusieurs des innovations du droit de l'environnement ne consistent pas précisément à mettre en rapport des « choses dispersées à travers le monde » (*ibid.*), mais susceptibles d'être jumelées, appareillées ou mises en miroir. On pense au déploiement de la notion de service écologique, à la création de l'obligation réelle environnementale et à l'admission du principe de solidarité écologique avec la loi biodiversité du 8 août 2016.

Du droit des choses voisines au droit des choses jumelées, la solidarité écologique commence par faire le pont : apparue pour la première fois dans la loi du 14 avril 2006 réformant le statut des parcs nationaux, la solidarité écologique se trouve alors imposée entre le (ou les) cœur(s) de ces aires protégées, et leurs anciennes zones périphériques. L'objectif est de donner un régime, sinon commun, du moins rapproché à des fonds de terre voisins, appartenant à une même aire géographique et juridique. Il s'agit d'éviter que l'ancienne zone périphérique, transformée en aire d'adhésion, ne soit regardée comme une zone tampon au regard du (ou des) cœur(s) du parc. L'objectif est, plus précisément, de reconnaître « la complémentarité et la solidarité écologique, économique et sociale de fait entre le cœur de cet espace d'exception et son environnement géographique immédiat » (Mathevet *et al.*, 2010, 2012). Il est d'intégrer l'interdépendance de terres voisines, soit la solidarité de choses sises en un lieu.

Cette expression de solidarité écologique fait écho à ce qu'Alice Ingold nomme le solidarisme écologique : étudiant les modes de gestion communautaire de l'eau au XIXe siècle, l'historienne note que les droits à l'eau étaient reconnus comme attachés, non aux personnes, mais aux terres. Elle explique comment, au sein des associations territoriales de l'eau, la coordination des hommes était guidée par la terre-même, et comment « ces solidarités matérielles » se trouvaient fondées, non sur une terre « accessible à la volonté propriétaire des individus ou souveraine de l'État », mais à l'inverse, sur la notion d'indisponibilité (Ingold, 2017, 2014a et b). En posant la solidarité écologique des territoires appartenant à des aires protégées, la loi réformant les parcs nationaux pourrait pareillement imposer une solidarité matérielle entre des terres immédiatement voisines ou par interactions, et conduire le droit de l'environnement à renouer avec le solidarisme écologique.

L'hypothèse paraît d'autant moins hasardeuse que la solidarité écologique a été hissée au rang de principe directeur du droit de l'environnement par la loi du 8 août 2016. Désormais, la solidarité écologique ne renvoie plus seulement aux parcs nationaux : elle commande de « prendre en compte, dans toute prise de décision publique ayant une incidence notable sur l'environnement des territoires concernés, les interactions des écosystèmes, des êtres vivants et des milieux naturels ou aménagés ». Le nouvel article L. 110-1 II 6 du code de l'environnement invite ainsi à tisser des liens entre des choses possiblement éloignées les unes des autres, et non plus seulement géographiquement voisines. La disposition appelle à considérer les humains comme partie intégrante de collectifs d'êtres vivants habitant ensemble tel ou tel écosystème ou milieu, sans qu'il y ait lieu de rechercher le caractère naturel ou artificiel de ces derniers.

Tout se passe alors comme si le droit de l'environnement nous emmenait *Par-delà nature et culture*, à la rencontre de collectifs composés d'humains et de non-humains, quand la doctrine majoritaire continue de penser à partir de la *summa divisio* des choses et des personnes, assimilée à une opposition des objets aux sujets de droit. Aussi est-ce sous l'égide de ce nouveau principe de solidarité écologique que l'on étudiera les dispositifs environnementaux relevant d'un droit des choses que l'on pourrait qualifier d'appareillées ou de jumelées et, en particulier, les services écologiques, les servitudes d'utilité publique à vocation environnementale, l'obligation réelle environnementale, enfin, le droit de jouissance spécial en ce qu'il pourrait être mobilisé à des fins écologiques.

Les services écologiques ou la marchandisation des choses de la nature

Les services écologiques sont ces services que nous rendent, par exemple, les océans en séquestrant du dioxyde de carbone ou les forêts en retenant l'eau dans les sols. Ils sont ces utilités, ces avantages ou bénéfices que nous apportent les milieux naturels ou les écosystèmes ainsi que l'ensemble des choses qui les composent. Autrement dit, les services écologiques sont des bienfaits de la nature ; ils sont ces bienfaits que nous offrent les choses de la nature. Créée par les écologues, la notion a été reprise par les économistes avant d'être consacrée par les juristes. En France, la loi biodiversité du 8 août 2016 est venue renforcer la protection juridique des services fournis par la biodiversité, les milieux et les ressources naturelles : notons que l'article L. 110-1 I 2° du code de l'environnement dispose que le principe de prévention « implique d'éviter les atteintes à la biodiversité et aux services qu'elle fournit », « à défaut, d'en réduire la portée » et « en dernier lieu, de compenser les atteintes qui n'ont pu être évitées ni réduites, en tenant compte des espèces, des habitats naturels et des fonctions écologiques affectées ». Non seulement la compensation écologique peut être dédiée à la restauration des services écologiques, mais elle se trouve évaluée à l'aune de sa capacité à en produire. De son côté, l'article 1247 du code civil précise que le préjudice écologique consiste « en une atteinte non négligeable aux éléments ou aux fonctions des écosystèmes ou aux bénéfices collectifs tirés par l'homme de l'environnement ». Est ainsi créée une obligation de réparer les atteintes conséquentes portées aux services écologiques. Enfin, l'article L. 132-3 du code de l'environnement prévoit que les propriétaires fonciers peuvent créer des obligations réelles environnementales ayant « pour finalité le maintien, la conservation, la gestion ou la restauration d'éléments de la biodiversité ou de fonctions écologiques ». Il est, dès lors, envisagé d'assujettir des fonds de terre à la préservation des facultés créatrices des services écologiques.

Qu'en penser ? À l'évidence, les services écologiques sont âprement critiqués : la notion inviterait à regarder la nature telle une ressource utile car pourvoyeuse de services. Elle nous inciterait à regarder les choses de la nature comme des moyens dotés d'un prix, par opposition aux personnes ou fins. De fait, la question des services écologiques pose généralement celle de leur rémunération, soit des fameux paiements pour services environnementaux (PSE). Assimilés à de vulgaires marchandises, les services écologiques participeraient au ravalement des choses de la nature à la vile condition d'objet. Il faut reconnaître que les motifs du projet de la loi biodiversité sont rédigés dans la langue des finances : la biodiversité y est présentée comme une « force économique pour la France », une « valeur potentielle importante », une « source d'innovation », un « capital économique extrêmement important » assurant des services écosystémiques dont « le coût » de disparition serait considérable. Pour certains juristes, il est clair que l'affirmation d'une « vision économique, utilitaire de la biodiversité » et la référence conjointe, désormais récurrente aux services écosystémiques, procèdent d'une même approche, celle des travaux menés sous la direction de Bernard Chevassus-au-Louis, intitulés *Approche économique de la biodiversité et des services liés aux écosystèmes* (Van Lang, 2016a). En précisant, à l'article L. 110-1 I du code de l'environnement, que le patrimoine commun de la nation — formé des espaces, ressources et milieux naturels terrestres et marins, des sites, des paysages diurnes et nocturnes, de la qualité de l'air, des êtres vivants et de la biodiversité — génère des services écosystémiques et des valeurs d'usage, le législateur de 2016 a emprunté au vocabulaire économique. Ce faisant, il aurait achevé de faire de l'environnement « un ensemble de biens, d'actifs » et fini de reléguer « au second plan la dimension immatérielle et désintéressée qui caractérise habituellement la notion de patrimoine commun en droit de l'environnement » (*ibid*).

Sans contester cette lecture de l'inscription des services écologiques en droit de l'environnement, sans même la nuancer ou relativiser, je voudrais tenter une autre interprétation : quoique l'essor des services écologiques participe clairement d'un mouvement de réification de la nature, voire de marchandisation du monde, il pourrait simultanément traduire un courant inverse, mais plus profond, et marquer le passage d'une vision subjectiviste à une vision éco-centrique, c'est-à-dire à une conception n'adoptant plus le point de vue des humains-sujets de droit, mais des choses du droit. On s'en souvient : le système réicentré du droit médiéval se caractérise par une « quête de stabilité » s'exprimant « dans la relation entre choses » et perceptible dans l'élargissement des entités considérées comme des choses ainsi que dans l'extension des « possibilités d'établir des servitudes réelles, c'est-à-dire, précisément, des relations des choses entre elles » (Conte, 2013). Or, les services écologiques pourraient représenter autant de choses nouvellement arrivées sur la scène du droit et, plus précisément, de nouveaux fruits communs. Et ces choses pourraient venir resserrer les liens entre d'autres choses ou en tisser de nouveaux, c'est-à-dire être à l'origine de nouvelles servitudes.

Les services écologiques ou l'arrivée de nouveaux fruits communs

En droit, ces bienfaits de la nature que sont les services écologiques pourraient constituer des fruits au sens civiliste du terme, c'est-à-dire des choses régulièrement produites par d'autres choses sans altération de la substance de celles-ci[10]. D'une part, les avantages fournis par un écosystème, loin d'attenter à celui-ci, participent de cycles vertueux susceptibles de bénéficier à d'autres écosystèmes qui, à leur tour, peuvent produire des services au profit du premier. D'autre part, ces bénéfices sont apportés *a minima* périodiquement, par intervalles, telles les récoltes des terres, voire continument ou presque, à l'image de l'absorption du dioxyde de carbone par les arbres. Dès lors, l'advenue des services écologiques sur le terrain du droit pourrait s'analyser en un déferlement de nouveaux fruits, soit en l'arrivée de nouvelles choses sortant régulièrement d'autres choses principales sans que la substance de celles-ci s'en trouve diminuée.

La pertinence de cette qualification se confirme lorsque nous entrons, plus avant, dans le détail : si l'on pose que les services écosystémiques sont les avantages que les écosystèmes offrent d'eux-mêmes à d'autres écosystèmes ou aux sociétés humaines tandis que les services environnementaux représentent les bénéfices qu'apportent les humains aux écosystèmes, soit les services que les hommes se rendent entre eux afin de maintenir ou d'améliorer les écosystèmes, alors les services écosystémiques peuvent être qualifiés de fruits naturels et les services environnementaux de fruits industriels. Car, en droit, les fruits naturels signifient les accroissements périodiques d'une chose produits par le jeu naturel de ses forces organiques sans le secours de l'homme pendant que les fruits environnementaux désignent ceux obtenus par le travail de l'homme, les avantages que la terre, la chose, ne produirait pas seule.

Fruits naturels ou industriels selon les cas, les services écologiques sont encore des fruits d'usage commun. Car c'est à tous, et non seulement à leur éventuel propriétaire, ni même au possesseur de la chose frugifère que les écosystèmes rendent des services ou offrent des fruits. Respirant l'air, nous bénéficions tous de la séquestration de carbone que réalisent, par exemple, les forêts, que celles-ci soient publiques ou privées. Buvant l'eau, nous profitons tous de la régulation de l'eau que permettent les sols, quel que soit le statut juridique de ces derniers. Profitant à la communauté des êtres vivants, ces fruits paraissent tomber dans la catégorie des choses communes. Dans la mesure, en effet, où les services écologiques sont utilisés par tous, et où le législateur prend des mesures pour les préserver, les services écologiques forment des choses communes au sens de l'article 714 du code civil : ce sont des choses qui n'appartiennent à personne en particulier, dont l'usage est commun à tous, et pour lesquelles des lois de police règlent la manière d'en jouir.

Les services écologiques ou le jumelage de choses micro et macroscopique

En plus de constituer de nouvelles choses communes, les services écologiques pourraient relier diverses choses entre elles : ces néo-fruits pourraient former autant de traits d'union entre les choses pourvoyeuses de services écologiques au niveau local, par exemple, tel fonds tourbeux, boisé ou pâturé, et ces autres choses existant à une plus vaste échelle : « les espaces, ressources et milieux naturels terrestres et marins, les sites, les paysages diurnes et nocturnes, la qualité de l'air, les êtres vivants et la biodiversité », lesquels participent du patrimoine naturel commun de la nation française (article L. 110-1 du code de l'environnement).

Les services écologiques rendent, en effet, visibles les multiples utilités des choses que le juriste pourrait penser indistinctement groupées entre les mains d'un seul propriétaire foncier. Ils découvrent les dimensions collectives des choses que l'on aurait pu penser entièrement absorbées par la relation d'appropriation à une personne, physique ou morale, publique ou privée. Par exemple, les services écologiques révèlent la participation d'une forêt domaniale ou privée à la captation du carbone, c'est-à-dire au maintien ou à l'accroissement d'une chose commune : « l'air », également partie du « patrimoine commun de la nation ». Lorsque l'on s'intéresse aux services qu'il rend, un arbre ne paraît plus réductible à son bois, à son corps, soit à une *res extensa* ou chose étendue : fournissant des services de séquestration du dioxyde de carbone, de rétention de l'eau ou de prévention contre l'érosion, l'arbre renvoie à l'air par le dioxyde de carbone qu'il capte et l'oxygène qu'il libère, à l'eau qu'il retient ou dont il régule le cours ainsi qu'à la terre en laquelle il prend racine. Ce faisant, l'arbre dévoile le dense réseau des relations existant entre les choses de l'air, de l'eau et de la terre. Des insectes qu'il nourrit aux oiseaux qu'il abrite, des plantes qui poussent dans son ombre aux champignons avec lesquels il vit, l'arbre se montre encore serviable avec une multitude d'êtres vivants.

On s'aperçoit que la prise en considération des services écologiques pourrait aller de pair, en droit, avec la restauration d'usages en commun de la terre : si ces nouveaux fruits permettent de faire le pont entre diverses autres choses, c'est à la faveur d'une approche, semble-t-il, moins exclusive et plus inclusive de l'usage des choses. À l'usage de tous, ces néo-fruits naissent de choses : des arbres, des tourbes ou des pâturages, etc., que l'on dit couramment appropriées, mais qui, dans notre vision, celle des choses-milieux, offrent simplement des droits ou places aux dénommés propriétaires. Ces fruits révèlent que les choses que nous croyions confondues avec ces personnes privilégiées bénéficient, en réalité, à la communauté des êtres vivants, et participent d'autres choses résolument ouvertes à tous, telles les choses communes de l'eau ou de l'air, elles-mêmes parties du patrimoine commun de la nation française.

Il est, par ailleurs, permis de se demander si les services écologiques ne pourraient pas être interprétés dans les termes de ce que Philippe Descola nomme l'analogisme : partant du postulat que l'analogisme se caractérise par l'existence de « multiples dispositifs de couplage » d'entités singulières reliées « dans une trame de correspondances » et que la « multiplication démesurée des pièces élémentaires du monde se répercutant au sein de chacune de ses parties » constitue « une propriété distinctive de l'ontologie analogique et l'indice le plus sûr permettant de l'identifier », nous pourrions défendre cette idée que le déploiement, en droit, des services écologiques indique l'entrée dans un monde analogiste.

Car la notion permet d'établir des corrélations entre des écosystèmes locaux et le système planétaire, c'est-à-dire entre des micro et macrocosmes. Aussi, la reconnaissance des services écologiques pourrait-elle transformer chacune des choses de la nature — forêts, zones humides, littoraux ou pâturages — en autant de monades couplées, interconnectées, organisées à la manière d'un treillis ou reliées dans une « trame de correspondances jouant sur certaines qualités qu'elles paraissent manifester », par exemple, leur apport pour l'entretien de l'air, du sol ou de l'eau. Avec les services écologiques, tel arbre, tel étang n'apparaît plus réductible à sa forme physique ; il renvoie aux éléments naturels desquels il participe comme aux êtres vivants qu'il réunit, et joue tel un « miroir vivant perpétuel de l'univers » exprimant et synthétisant « l'ensemble des rapports existant entre tous les points du dispositif ». Après l'anthropologue, nous pourrions dire que le droit de l'environnement « contient une infinité de choses différentes, chacune située en un lieu singulier, chacune au cœur d'un réseau idiosyncrasique » et, partant, qu'il nous fait entrer dans un âge analogiste (Descola, 2005, p. 284-329).

Des services écologiques aux servitudes d'utilité publique

En pratique, les néo-fruits des services écologiques pourraient conduire à consolider les liens juridiques entre les choses et justifier l'imposition de nouvelles servitudes. La protection des services écologiques pourrait, en effet, conduire à l'asservissement de forêts, zones humides ou pâturages, au maintien ou à l'augmentation de la qualité de l'air ou de l'eau. Obligé de fournir tel ou tel service écologique, un fonds de terre pourrait, alors, devenir le fonds servant de choses communes et/ou de patrimoines communs, devenus simultanément, et pour leur part, des fonds dominants. Au final, les services écologiques revêtiraient une double acception : ils pourraient s'entendre du service écologique rendu — d'un résultat —, comme du service écologique à rendre — d'un devoir. Or, tel pourrait être l'objet de certaines servitudes légales : obliger une chose à rendre un service écologique à une autre chose.

L'article 649 du code civil dispose, en effet, que « les servitudes établies par la loi ont pour objet l'utilité publique ou communale, ou l'utilité des particuliers ». Généralement ramenées aux servitudes dites d'utilité publique ou administratives, ces servitudes peuvent avoir une vocation écologique. Ainsi, le droit des aires protégées repose, en partie, sur l'institution de servitudes grevant des fonds de terre au bénéfice de milieux naturels. Dans les réserves naturelles ou les parcs nationaux, il est ainsi possible d'imposer aux propriétaires fonciers ou aux simples usagers une grande variété de servitudes, d'instituer une réglementation ou une interdiction de tout ce qui peut nuire au développement de la faune et de la flore ou altérer le caractère de l'aire concernée. On peut encore penser aux forêts de protection dont le classement interdit tout changement d'affectation ou tout mode d'occupation de nature à compromettre la conservation ou la protection des boisements, et qui n'autorise aucun défrichement, aucune extraction de matériaux, aucune fouille, aucune emprise d'infrastructure, ni aucun exhaussement du sol ou dépôt dans les bois classés.

Ces servitudes d'utilité écologique peuvent également exister hors des sites classés. Par exemple, dans les pâturages de montagne, l'autorité administrative peut mettre en défens des fonds de terre pour lutter contre l'érosion et maintenir le couvert végétal. À ce titre, d'importantes restrictions de jouissance peuvent être imposées aux propriétaires fonciers concernés. De même, les terres riveraines d'un cours d'eau, situées dans leur bassin versant ou dans une zone estuarienne, peuvent être grevées de servitudes d'utilité publique afin de protéger les terres alentour d'inondations. Il s'agit alors de créer des zones de rétention temporaires des eaux de crue ou de ruissellement et des zones de mobilité d'un cours d'eau au sein desquelles les fermiers peuvent se voir prescrire certains modes d'utilisation des sols. Les servitudes d'urbanisme peuvent également avoir une utilité écologique. En particulier, les servitudes résultant du classement d'aires en zones naturelles et forestières, et instituant des emplacements réservés pour des espaces verts ont directement une destination environnementale.

A priori, l'ensemble de ces servitudes déroge au modèle du Code Napoléon qui voudrait que les servitudes existent entre des fonds voisins distincts, ce pourquoi on les extrait généralement du droit civil pour les rattacher au seul droit administratif. Force est pourtant de constater que ces servitudes d'utilité publique, communale ou collective sont prévues par le code civil lui-même, à l'article 649 précité, et que l'absence d'un fonds dominant, proche du fonds servant, peut être discutée : sans doute, ces servitudes ne relient-elles pas des fonds voisins séparés. Cependant, elles pourraient relier des fonds voisins en tant que ceux-ci existeraient à des échelles distinctes et participeraient chacun les uns des autres (comp. Meiller, 2012). Ces servitudes pourraient, en effet, mettre en relation des fonds de terre, que l'on pourrait qualifier d'ordinaires, et le grand fonds de la Terre ou, plus exactement, des fonds étendus au territoire du village, de la commune ou de l'État, ou s'entendant de milieux naturels ou d'écosystèmes à protéger. Grevé d'une servitude d'utilité écologique, un fonds servant serait donc affecté à un autre fonds, dominant, plus vaste que lui et susceptible de l'englober. Ce second fonds aurait un autre propriétaire que le premier auquel il serait appareillé ou jumelé : il appartiendrait à la collectivité du village, de la commune ou de la nation française, voire à une collectivité d'êtres non humains, par exemple, à telle ou telle espèce animale, végétale ou minérale protégée, et justifiant précisément l'imposition des servitudes. En effet, lorsque l'on classe des sites fréquentés, à l'année ou de manière saisonnière, par des espèces protégées, il est permis de penser que nous affectons des fonds de terre au service de personnes collectivement habitantes des lieux. En particulier, un site classé Natura 2000 ou concerné par un arrêté de protection de biotope peut être regardé tel un fonds de terre servant des personnes non humaines, par exemple, les personnes collectives de la droséra *rotundifolia* ou du busard cendré, espèces protégées.

Toujours est-il que ces servitudes d'utilité écologique ont une portée limitée. Dépendant de lois ou de règlements particuliers (article 650 al. 2 du code civil), elles concernent uniquement les sites remarquables ou méritant protection à un titre particulier, par exemple, pour la prévention de catastrophes écologiques. En d'autres termes, ces servitudes n'intéressent pas, en pratique, les fonds de terres ordinaires. Pour pallier, notamment, cette insuffisance, le législateur a toutefois créé la dénommée obligation réelle environnementale.

Des services écologiques aux obligations réelles environnementales

En 1997, un rapport, remis au ministère de l'Environnement et intitulé *La protection conventionnelle des espaces naturels en droit français et comparé*, propose l'inscription d'une servitude de droit privé à vocation environnementale en droit français. Il s'agit de permettre à ceux qui le souhaitent « de constituer une servitude sur l'immeuble dont ils sont propriétaires, pour rendre possible la protection ou la gestion plus équilibrée d'espaces ou de milieux qui, parce qu'ils ne sont pas remarquables, sont souvent délaissés ou ignorés par la réglementation administrative traditionnelle » (Martin, 2014, 2008). Plusieurs fois reprise, l'idée est désormais inscrite dans notre code de l'environnement : l'article L. 132-3 prévoit que « les propriétaires de biens immobiliers peuvent conclure un contrat avec une collectivité publique, un établissement public ou une personne morale de droit privé agissant pour la protection de l'environnement en vue de faire naître à leur charge, ainsi qu'à la charge des propriétaires ultérieurs du bien, les obligations réelles que bon leur semble, dès lors que de telles obligations ont pour finalité le maintien, la conservation, la gestion ou la restauration d'éléments de la biodiversité ou de fonctions écologiques ».

Pour être admise, cette servitude contractuelle environnementale a néanmoins dû changer de nom, se muer en une obligation réelle, renoncer à figurer dans l'auguste code civil et consentir à sa limitation dans le temps. Car elle porte atteinte à ce présupposé selon lequel le propriétaire d'une chose doit rassembler entre ses mains toutes les utilités de celle-ci, depuis que la Révolution française a supprimé les propriétés simultanées, alors associées à la féodalité. Précisons : la doctrine enseigne généralement que pour prévenir le rétablissement des liens de vassalité et, en particulier, du servage, le domaine des servitudes prédiales se trouve borné : d'une part, l'article 637 du code civil prévoit qu'une « servitude est une charge imposée sur un héritage pour l'usage et l'utilité d'un héritage appartenant à un autre propriétaire ». Afin qu'aucun être humain ne puisse plus être asservi à une terre ou à un autre humain *via* une terre, le législateur préciserait que seule une chose peut être assujettie à une autre chose. Dès lors, l'existence de deux fonds serait requise : un fonds dominant, bénéficiaire de la servitude, et un fonds servant, débiteur de la servitude. D'autre part, l'article 686 alinéa 1 du code civil dispose qu'il « est permis aux propriétaires d'établir sur leurs propriétés, ou en faveur de leurs propriétés, telles servitudes que bon leur semble, pourvu néanmoins que les services établis ne soient imposés ni à la personne, ni en faveur de la personne, mais seulement à un fonds et pour un fonds (…) ». Au titre des servitudes conventionnelles, établies par le fait de l'homme, il est ainsi rappelé que seuls les fonds, non les personnes, peuvent se voir imposer de tels services fonciers. Surtout, la doctrine majoritaire en déduit que les personnes ne peuvent, à raison des choses dont elles sont dites propriétaires, s'asservir volontairement qu'à des obligations de ne pas faire, non à des obligations de faire (Martin, 2014 ; Reboul-Maupin, 2016).

Pourtant aucune de ces deux limites ne s'impose. Outre les servitudes réelles, reliant une chose à une autre chose, notre droit connaît toujours des servitudes mixtes, reliant une personne à une chose, et des servitudes personnelles, reliant une personne à une autre, mais sous les appellations des droits réels et des droits personnels (en un sens proche, Zenati-Castaing et Revet, n° 297). En outre, il est permis de penser que les servitudes réelles ne concernent pas uniquement des choses voisines, mais également des choses appareillées ou jumelées et qu'il n'est donc pas besoin d'un fonds dominant et d'un fonds servant pour en instituer. Ainsi les servitudes dites administratives ou d'utilité publique relieraient — on vient de le dire — des fonds de terre avec un petit « t » à des grands fonds de terre d'échelle villageoise, communale ou nationale. Par ailleurs, les servitudes réelles pourraient bien engendrer des obligations de ne pas faire comme de faire, soit des obligations réelles *in faciendo* comme *in patiendo* (Patault, 1989).

Il n'en demeure pas moins que le législateur de 2016 fut convaincu du domaine restreint des servitudes ou services fonciers du code civil, et qu'il vit, dans les articles 637 et 686 du code civil, deux obstacles à surmonter pour l'admission de servitudes conventionnelles environnementales. Car pour autoriser les propriétaires fonciers à conférer une destination écologique effective aux terres, il fallait leur permettre de librement grever, par exemple, une tourbière d'une obligation positive d'entretien et non seulement d'une obligation, négative, de laisser passer en leurs domaines. Et, pour que l'opération soit aisée à réaliser, il fallait le leur permettre sans que les servitudes soient consenties au profit de fonds voisins, autrement dit, sans que l'affectation écologique de terres se trouve suspendue à l'existence de voisins partageant leurs préoccupations environnementales et qui accepteraient, par exemple, de mettre réciproquement leurs fonds au service écologique des autres.

Une possibilité aurait été d'ouvrir expressément le droit des servitudes prédiales aux obligations de faire (*in faciendo*), et d'énoncer clairement que les servitudes conventionnelles peuvent, comme les servitudes légales, grever un fonds de terre sans que ce soit au profit d'un fonds voisin distinct. Mais par crainte d'autoriser le rétablissement du servage et, sans doute plus sérieusement, par souci de préserver le dogme propriétaire moderne, le législateur a préféré consentir une dérogation au droit civil des servitudes *via* le droit — moins prestigieux et spécial — de l'environnement. Plutôt que d'accepter pleinement l'idée que la propriété foncière n'est pas absolue au sens d'une maîtrise-souveraine de toutes les utilités d'une terre, ce dont atteste le droit des servitudes prédiales, le législateur a préféré créer l'obligation réelle environnementale. Ce faisant, il a laissé entendre que seule la constitution volontaire d'une telle obligation ne se trouverait pas conditionnée par l'existence d'un fonds dominant, ni restreinte à la création d'obligations négatives, de ne pas faire (voir en ce sens, Reboul-Maupin, 2016).

Au regard des développements antérieurs relatifs aux servitudes, il me semble que l'obligation réelle environnementale peut être présentée comme reposant sur une multitude de relations entre des choses, des personnes, des choses et des personnes. En effet, l'obligation réelle environnementale est cette obligation qu'un propriétaire s'engage à exécuter en un fonds de terre au bénéfice de la Terre, de la biosphère ou de la biodiversité. Elle résulte implicitement d'un acte unilatéral du propriétaire foncier qui choisit d'affecter le fonds de terre considéré à la planète ou à un milieu dit naturel. C'est dire que l'obligation réelle environnementale pourrait être la partie visible d'un dispositif supposant l'existence d'une servitude prédiale et, plus précisément, d'une servitude analogue aux servitudes dites d'utilité publique. Car cette servitude relierait une chose : le fonds de terre au sein duquel l'obligation doit être exécutée, à la chose de la Terre, de la biosphère ou de la biodiversité. Dans la mesure où le propriétaire foncier doit contracter avec un tiers pour l'exécution de l'obligation réelle, il est, en plus, créé une relation entre deux personnes : celle du propriétaire foncier, débitrice de l'obligation, d'une part, et celle du tiers-cocontractant, exécutrice de l'obligation, d'autre part. Dès lors qu'il est tenu d'exécuter son obligation dans le fonds grevé indépendamment de l'identité du propriétaire foncier (l'obligation réelle suivant le fonds en quelque main qu'il passe), le cocontractant apparaît détenir un droit réel (en ce sens, Denizot, 2016). Il est ainsi établi un rapport entre la personne du cocontractant et la chose du fonds de terre. Dans la mesure aussi où le cocontractant doit être une personne morale agissant pour l'environnement, un lien existe entre cette personne, affectée à la Terre ou biodiversité, et la chose de la Terre ou biodiversité.

Au final, l'obligation réelle environnementale paraît à l'origine de relations tissées entre le propriétaire foncier et la terre mise au service de la Terre, entre ce fonds servant de la terre et ce grand fonds dominant de la Terre, entre le tiers chargé d'exécuter l'obligation réelle en lieu et place du propriétaire foncier et la terre grevée, enfin, entre ce même tiers et la Terre à laquelle il est affecté. Observons que le propriétaire foncier et son cocontractant font tous deux figure d'obligés vis-à-vis de la chose affectée à la Terre : ledit propriétaire foncier et la personne agissant pour la protection de l'environnement s'entendent au sujet et pour la préservation d'un fonds de terre. Ensemble, ces personnes s'accordent pour veiller sur la chose grevée, non pour l'assujettir et dominer, si bien que cette terre apparaît attributaire d'un droit à l'entretien ou propriétaire d'un droit aux soins.

Aussi, le dispositif pourrait-il relever d'un droit de type analogiste, qui relierait des choses d'ordre micro et macroscopique ; il pourrait ressortir d'un droit réicentré, articulé autour de choses du droit, et qui serait orienté vers la pérennité des fonds ou héritages plutôt que vers leur libre circulation. En ce sens, une historienne observe que l'obligation réelle, « parce qu'elle s'amarre à un fonds, est un gage de durabilité des engagements ». La préservation des qualités de l'immeuble ne dépend pas de qui a souscrit l'obligation, mais elle « s'impose *a priori* à tous les ayants cause ». Tel est l'intérêt majeur de cette obligation : « sa pérennité par-delà les changements de propriétaires à la tête du bien » (Patault, 1989, p. 146-161). Reste que l'obligation réelle environnementale se trouve, elle, limitée dans le temps : la durée des obligations doit figurer dans le contrat entre le propriétaire foncier les constituant et la personne agissant pour l'environnement (article L. 132-3 al. 3 du code de l'environnement). À telle enseigne qu'il peut être tentant de rechercher les moyens d'une véritable mise en indisponibilité des terres.

Des services écologiques au droit réel de jouissance spéciale

Avant que l'obligation réelle environnementale ne soit créée, l'idée avait été avancée d'utiliser, à des fins environnementales, un instrument jurisprudentiel : le droit réel de jouissance spéciale, né d'une décision rendue par la Cour de cassation le 31 octobre 2012 et désormais connu sous le nom d'arrêt Maison de poésie I (Civ. 3e, 31 oct. 2012, n° 11-16304). Voici pour l'histoire : en 1932, la fondation La Maison de Poésie vendit à la Société des auteurs et compositeurs dramatiques un hôtel particulier tout en se réservant la jouissance d'une partie du bien immobilier. Quelques soixante-dix années après, la société acheteuse demandait l'expulsion de la fondation venderesse. Requalifiant le droit de jouissance de celle-ci en un droit d'usage et d'habitation, la cour d'appel de Paris décida que ce droit était nécessairement temporaire et qu'ayant été concédé à une personne morale, à savoir La Maison de poésie, il ne pouvait avoir excédé trente ans et se trouvait, donc, expiré. Cependant la haute juridiction cassa l'arrêt rendu par la Cour d'appel aux motifs qu'il résultait des articles 544 et 1134 du code civil que le propriétaire pouvait « consentir, sous réserve des règles d'ordre public, un droit réel conférant le bénéfice d'une jouissance spéciale de son bien » et que dans la mesure où les parties avaient, en l'espèce, « convenu de conférer à La Maison de poésie, pendant toute la durée de son existence, la jouissance ou l'occupation des locaux où elle était installée », la cour d'appel avait violé les articles susmentionnés.

Avec cette décision de justice, il devient plus difficile encore que par le passé d'affirmer l'existence d'une liste limitative (ou *numerus clausus*) des droits réels, c'est-à-dire de soutenir qu'un propriétaire ne saurait grever la chose de divers droits au profit d'autrui, sauf le recours aux droits d'usufruit, d'usage ou d'habitation expressément prévus par le code civil, et quelques autres droits antérieurement acceptés par le juge, comme le droit d'emphytéose ou celui de superficie. Déjà en 1834, le principe avait été posé par le fameux arrêt Caquelard qu'aucun article du code civil n'excluait « les diverses modifications et décompositions dont le droit ordinaire de propriété est susceptible ». Peu avant l'arrêt du 31 octobre 2012, plusieurs décisions avaient été prises en ce sens, ainsi celle reconnaissant l'existence de droits réels et perpétuels sur des arbres enracinés dans le fonds d'autrui (Civ. 3e, 23 mai 2012, n° 11-13.202). Mais rattachant ces décisions à des rémanences de l'ancien droit et de la société rurale d'autrefois, certains continuaient de penser que les droits réels étaient limitativement énumérés dans le code civil.

À présent qu'il est acquis, avec l'arrêt Maison de poésie I, qu'un propriétaire peut librement grever une chose de ces droits que l'on appelait jadis des servitudes mixtes, il faut admettre que les utilités d'une chose peuvent être dispersées entre les mains de plusieurs propriétaires. C'est reconnaître que le système des propriétés simultanées n'aura pas entièrement volé en éclat à la Révolution française, et que le Code Napoléon de 1804 renferme d'autres modèles propriétaires que celui de la « maîtrise-souveraine » d'une seule et unique personne sur toutes les utilités d'une même chose (Xifaras, 2004). Les partisans d'une conception exclusiviste et individualiste de la propriété admettent d'ailleurs volontiers que celle-ci se trouve désormais munie d'une charge prétorienne dangereuse pour elle, et que leur appareil conceptuel s'avère prêt à exploser (Revet, 2015 ; Laurent, 2016). Dans le même sens, notons que les opposants à la jurisprudence Maison de poésie craignent que celle-ci puisse « empêcher la circulation du bien » et ne conduise à sa « dévalorisation » et « collectivisation ». Ils craignent que cette jurisprudence affecte « l'appropriation individuelle », et considèrent que celle-ci comporte « un risque de délaissement » des choses (Dubarry et Julienne, 2013). Derrière la neutralité affichée des techniciens du droit ou des juristes purs, nous voyons poindre leurs présupposés : fidèles aux préceptes de l'économie libérale, ils considèrent que les bonnes lois doivent faciliter la libre circulation des biens ; dans la droite ligne du récit de la tragédie des communs (Hardin, 1968), ils supposent que l'efficience économique passe nécessairement par l'appropriation individuelle des biens.

N'en déplaise à ces juristes, la jurisprudence Maison de poésie pourrait répondre aux besoins de notre temps en offrant aux propriétaires fonciers qui le désirent les moyens de constituer des servitudes mixtes environnementales ou, pour le dire avec les mots d'aujourd'hui, des droits réels environnementaux. Dans la perspective du tournant écologique, le droit réel de jouissance spéciale pourrait présenter un avantage : celui de précipiter la fin du dogme propriétaire moderne, et ce avec d'autant plus de facilité que ces droits réels pourraient venir grever des fonds de terre, mais aussi des choses mobilières. Employé à des fins environnementales, le droit de jouissance spéciale inviterait, alors, à opérer un déplacement de sens du mot jouissance : le *fructus* ne signifierait plus tant le pouvoir de prendre et de consommer les fruits de la chose, moins encore celui du propriétaire d'avoir la chose pour soi-seul (Zenati-Castaing, 1981, p. 427-465). Le *fructus* signifierait, d'abord, le pouvoir de laisser ou de faire fructifier les choses de ces nouveaux fruits que sont les services écologiques, et, partant, d'assurer la pérennité des milieux naturels ou écosystèmes, soit de rendre les choses à elles-mêmes ainsi qu'à la communauté de leurs habitants, humains et non-humains. Aussi est-ce sans surprise que l'on découvre, au sein de la doctrine approuvant la jurisprudence Maison de la poésie, des spécialistes du droit de l'environnement, explicitement ouverts à des formes inclusives ou collectives de propriété, ainsi que favorables à l'admission de la fonction socio-écologique de celle-ci.

En particulier, Mustapha Mekki se demandait, dans un article intitulé *Les virtualités environnementales du droit réel de jouissance spéciale*, si nous n'avions pas, avec l'arrêt Maison de la poésie I, une « opportunité, face à un législateur frileux, d'intégrer en droit français "un droit réel environnemental", une "obligation réelle" qui suivrait le bien immobilier et s'imposerait à tous les acquéreurs du bien » (Mekki, 2014). Par le biais de ce droit réel, un propriétaire foncier aurait la possibilité de grever un fonds de terre d'un droit concédé à une personne chargée de veiller à ce que la destination écologique de celui-ci soit respectée, et ce quand bien même le propriétaire foncier ayant constitué le droit ne serait plus en place. Dotée d'un droit de jouissance environnementale en une terre, ladite personne pourrait être tenue de cultiver la terre dans le respect de la préservation de la nature, de la biodiversité, ou des paysages, et se trouver, plus précisément, obligée de ne pas utiliser de produits phytopharmaceutiques, de ne pas labourer, de ne pas détruire les haies et, de manière positive, d'utiliser les méthodes de l'agroforesterie ou de l'agroécologie ou de respecter les principes de la permaculture.

À présent que la loi biodiversité a créé l'obligation réelle environnementale, la proposition d'utiliser le droit réel de jouissance spéciale à des fins environnementales pourrait avoir perdu tout intérêt. Cependant, la jurisprudence relative à ce droit réel pourrait remédier à certaines limites du dispositif légal relatif à l'obligation réelle environnementale. L'on pense à deux limites : à celle, susmentionnée, de la limitation dans le temps de l'obligation réelle, d'une part, à celle de l'interprétation restrictive qui pourra être faite de la personne chargée d'exécuter cette obligation, d'autre part. L'article L. 132-3 du code de l'environnement prévoit, en effet, que les propriétaires fonciers peuvent conclure un contrat pour la création d'une obligation réelle environnementale « avec une collectivité publique, un établissement public ou une personne morale de droit privé agissant pour la protection de l'environnement ». Si les associations de défense de l'environnement représentent, sans conteste, de telles personnes « agissant pour la protection de l'environnement », on pourrait douter que d'autres personnes morales de droit privé qui auraient, par exemple, pour finalité de renouveler des formes ou des styles de vie soient immédiatement reconnues comme telles. Le cas échéant, un propriétaire foncier ne pourrait pas contracter avec le fonds de dotation d'une zone à défendre (ZAD) pour la conclusion d'obligations réelles environnementales. Dans ces conditions, la constitution de droits réels de jouissance spécialement environnementale pourrait représenter une solution alternative à l'obligation réelle environnementale, susceptible de préserver des terres, sinon à perpétuité, tout au moins durant la vie de la personne propriétaire dudit droit de jouissance environnementale[11] : une association, une fondation ou un fonds de dotation qui ne répondrait pas nécessairement à la définition classique de la personne agissant pour l'environnement.

La compensation écologique, un droit des choses analogues

L'analogie est la troisième forme de relations entre les choses, décrite par Michel Foucault. En elle, se superposent *convenientia* et *aemulatio*. Comme celle-ci, l'analogie « assure le merveilleux affrontement des ressemblances à travers l'espace ; mais elle parle, comme celle-là, d'ajustements, de liens et de jointure. Son pouvoir est immense, observe le penseur, car les similitudes qu'elle traite ne sont pas celles, visibles, massives, des choses elles-mêmes ; il suffit que ce soient les ressemblances plus subtiles des rapports ». Or, la compensation écologique repose sur une ressemblance. Elle postule même une équivalence de deux rapports : d'un premier rapport existant entre un fonds de terre avant et après déperdition de biodiversité, d'une part, et d'un second rapport existant entre un autre fonds (ou partie du premier fonds) avant et après enrichissement de la biodiversité, d'autre part. Car la compensation écologique commande que le gain de biodiversité sur un terrain soit au moins égal, et si possible supérieur, à la perte de biodiversité sur un autre terrain.

Pour le comprendre, voyons ce en quoi consiste la compensation écologique : le premier article sur lequel s'ouvre le code de l'environnement, l'article L. 110-1, dispose que « les espaces, ressources et milieux naturels terrestres et marins, les sites, les paysages diurnes et nocturnes, la qualité de l'air, les êtres vivants et la biodiversité font partie du patrimoine commun de la nation ». Puis, il précise que « leur connaissance, leur protection, leur mise en valeur, leur restauration, leur remise en état, leur gestion, la préservation de leur capacité à évoluer et la sauvegarde des services qu'ils fournissent » s'inspirent de différents principes. Au nombre de ces derniers, le principe de prévention « implique d'éviter les atteintes à la biodiversité et aux services qu'elle fournit ; à défaut, d'en réduire la portée ; enfin, en dernier lieu, de compenser les atteintes qui n'ont pu être évitées ni réduites, en tenant compte des espèces, des habitats naturels et des fonctions écologiques affectées ». Le triptyque ERC — éviter, réduire, compenser — dessine un arbre des actions à mener afin d'atteindre cet objectif : l'absence de perte nette de biodiversité, voire l'obtention d'un gain de biodiversité.

Consistant à autoriser une activité préjudiciable pour l'environnement sous condition de compenser les dommages produits, le troisième procédé date de la loi du 10 juillet 1976 relative à la protection de la nature. Il demeura, pourtant, inappliqué jusqu'au Grenelle de l'environnement, lequel fut l'occasion d'un renforcement des textes réglementaires l'instituant (Doussan, 2015). Surtout, la loi biodiversité du 8 août 2016 a érigé la compensation au rang de moyen permettant la mise en œuvre du principe de prévention. Il y est rappelé que la compensation ne saurait se substituer aux mesures d'évitement et de réduction, c'est-à-dire qu'elle ne doit être employée qu'à défaut de pouvoir éviter et réduire les atteintes à la biodiversité. Il est également souligné que dans l'hypothèse où ces atteintes ne sauraient être ni évitées, ni réduites, ni compensées de façon satisfaisante, les travaux ou ouvrages envisagés ne peuvent être autorisés. Enfin, il est précisé que les éventuelles mesures de compensation doivent se traduire par des résultats. Nonobstant ces exigences, la compensation écologique fait l'objet de contestations[12].

La compensation écologique ou la marchandisation de la nature

À bien y regarder, montrent ses détracteurs, la compensation écologique octroie un droit de détruire la biodiversité moyennant une simple compensation. De fait, la compensation écologique prétend apporter une contrepartie à de futurs préjudices environnementaux en remplaçant des animaux, végétaux ou minéraux irrémédiablement perdus par d'autres entités biologiques qu'il s'agit de produire. Elle repose sur cette idée que les « éléments de biodiversité » peuvent être substitués les uns aux autres, qu'ils sont commutables et, partant, fongibles (article L. 163-3 du code de l'environnement). Sans doute, les mesures de compensation doivent-elles être réalisées « dans le respect de leur équivalence écologique » (article L. 163-1 I alinéa 1 du code de l'environnement) de sorte que « les actions n'ayant aucun rapport direct avec les impacts causés » ne peuvent pas compter (Van Lang, 2016b). Cependant, nul n'ignore que l'équivalence parfaite entre les éléments détruits et créés ne saurait jamais être atteinte puisqu'aucun écosystème ne peut être reconstitué à l'identique (Van Lang, 2016b ; Pastor, 2016). Une autrice estime, alors, que cette compensation par anticipation des préjudices écologiques repose sur la négation du fonctionnement des écosystèmes et de la spécificité de chacun d'eux, et qualifie l'objectif de perte nette de biodiversité, de « contre-vérité » ou de « contresens écologique et juridique » (Camproux Duffrène, 2008).

Les critiques adressées à la compensation écologique ne visent pas seulement son principe ; elles portent aussi sur sa mise en œuvre : l'article L. 163-1 II du code de l'environnement prévoit qu'une personne soumise à une obligation de compensation peut s'exécuter soit directement, soit par l'intermédiaire d'un dénommé opérateur de compensation[13], soit par l'acquisition d'unités de compensation, dans le cadre d'un site naturel de compensation préalablement agréé par l'État, soit, enfin, par le jeu combiné de ces différentes modalités de compensation. Or, le troisième mode d'exécution : l'acquisition d'unités de compensation, fait l'objet de vives discussions. Ouvrant la voie à « l'institutionnalisation d'échanges marchands entre les débiteurs de ces obligations de compensation et différents acteurs », le mécanisme participerait d'un mouvement de marchandisation de la nature. En consacrant « juridiquement le marché d'unités de biodiversité », cette nouvelle option signerait

« définitivement une conception économique et utilitaire de la nature ». Elle transformerait la biodiversité en « un véritable bien, objet de mécanismes d'échange et de compensation » (Van Lang, 2016b ; Camproux Duffrène, 2008). Le procédé n'est d'ailleurs pas nouveau : en agréant des sites naturels, l'État français poursuit la politique menée par la Caisse des dépôts et consignations (CDC), laquelle a créé, dès 2008, une filiale spécialisée, la CDC Biodiversité, et lancé un fonds de compensation pour la biodiversité. Ce faisant, la CDC a elle-même pris exemple sur la pratique de la *mitigation banking* ou compensation bancaire existant aux États-Unis. À telle enseigne que les sites naturels de compensation furent d'abord nommés réserves d'actifs naturels. Et si cette dernière expression a été abandonnée en raison, précisément, de son fort accent bancaire, le changement de dénomination ne saurait faire oublier que l'achat d'unités de compensation doit permettre à l'économie de venir « au secours de la biodiversité » en créant une « offre de compensation », selon les termes mêmes du ministère de l'Écologie (Doussan, 2015).

La compensation écologique ou l'adoption d'une logique analogiste

S'il apparaît indéniable que la compensation écologique peut être regardée comme un vecteur de financiarisation de la nature, il nous semble pourtant que le mécanisme gagnerait à être compris différemment, comme relevant d'une autre logique, et plus précisément, d'une logique analogiste. Tout d'abord, la compensation écologique peut être dite analogiste en un sens commun, usuel. L'analogie signifie, en effet, un « rapport de ressemblance, d'identité partielle entre des réalités différentes préalablement soumises à comparaison », et plus exactement, une proportion ou identité de deux rapports (*Trésor de la langue française*). Or la condition d'équivalence écologique, posée à l'article L. 163-1 du code de l'environnement, suppose que les atteintes prévues ou prévisibles à la biodiversité, faites sur un fonds, équivalent les mesures de compensation écologique prises sur une partie du même fonds ou sur un autre fonds. Ce qui compte est que le degré d'endommagement écologique d'un terrain soit identique, sinon inférieur, au degré d'amélioration écologique d'un autre terrain.

« La logique de la compensation est une logique analogique », confirme Jean Svalgelski, qui précise : « Une analogie implique une relation entre quatre termes qui sont entre eux comme ils sont ensemble, leur somme restant la même ». Et s'il est vrai que « de ces quatre termes, deux sont en général occultés », il n'en demeure pas moins « nécessaire de les rendre visibles pour comprendre le fonctionnement de l'idée de compensation », poursuit le philosophe (Svalgelski, 1981, p. 10). De fait, la compensation écologique suppose quatre termes : le premier est le terrain sur lequel doivent être réalisés des ouvrages ou travaux, soit le fonds destinataire d'actions attentatoires à la biodiversité dans son état initial, c'est-à-dire avant la réalisation de ces dernières. Le deuxième est ce même fonds, mais envisagé dans un état ultérieur, tel qu'il devrait être, en termes de biodiversité, une fois que les travaux ou ouvrages projetés auront été réalisés. Le troisième est cet autre terrain, affecté à la biodiversité (et qui peut être partie ou non du premier fonds), compris dans son état initial, c'est-à-dire avant que des mesures de compensation n'aient été prises. Le quatrième est ce second terrain, dédié à la compensation, mais tel qu'il devrait être, en termes de biodiversité, après que les mesures de compensation auront été prises.

On comprend désormais en quoi la compensation écologique relève de l'analogie au sens de *La prose du monde* : de même que l'analogisme traite des rapports de ressemblances entre des choses, le mécanisme repose, non seulement sur la ressemblance, mais sur l'équivalence des rapports entre une terre avant et après réduction de sa biodiversité, d'une part, et entre une autre terre (ou partie de la première) avant et après augmentation de sa biodiversité, d'autre part. Un rapprochement avec l'analogisme tel que conceptualisé par Philippe Descola peut encore être tenté : lorsqu'ils adoptent une manière analogiste de vivre, les êtres humains sont portés à penser que les autres êtres, humains et non-humains, sont dotés d'une intériorité et d'une physicalité distinctes des leurs, explique l'anthropologue. En ce monde de singularités, formé d'existants doublement dissemblables les uns des autres, « le recours à l'analogie intervient comme une procédure compensatoire d'intégration permettant de créer en tous sens des tresses de solidarité et des liens de continuité », poursuit-il (Descola, 2005, p. 301). Or, le mécanisme de compensation écologique pourrait pareillement créer des tresses de solidarité et des liens de continuité entre des fonds distincts, entre des fonds endommagés et des fonds protégés. Il s'agit certes d'un coup de force interprétatif, mais qui pourrait produire des effets susceptibles de renouveler notre approche du mécanisme en nous amenant à l'étudier à la lumière des droits médiéval et antique, c'est-à-dire à l'aune de droits contemporains des temps où les Occidentaux auraient vécu de la manière analogiste.

La profanation de terres compensée par la création de sanctuaires

Dans sa *Physique des mœurs et du droit,* Émile Durkheim traite des sources antiques de la propriété foncière. Contre l'idée selon laquelle la propriété serait une faculté humaine, le sociologue énonce que la propriété « résidait originellement dans la chose elle-même » (Durkheim, 1950, p. 188). Relevant de fortes ressemblances entre les notions de chose appropriée et de chose sacrée, il revient sur des pratiques observées chez les Romains, les Grecs, mais aussi dans les Indes : dans l'Antiquité, chaque terrain « est habité, possédé par des êtres religieux conçus sous une forme personnelle ou non et qui en sont les maîtres » (*ibid.*, p. 183). Aussi, les humains ne peuvent-ils pénétrer sur une terre sans empiéter sur leur domaine, les troubler dans leur possession, et s'exposer à leur redoutable colère.

Appelé à jouer en cas d'atteintes « prévues ou prévisibles à la biodiversité occasionnées par la réalisation d'un projet de travaux ou d'ouvrage ou par la réalisation d'activités ou l'exécution d'un plan, d'un schéma, d'un programme ou d'un autre document de planification » (article L. 163-1 I. du code de l'environnement), le mécanisme de compensation écologique repose, à première vue, sur la négation d'une quelconque sacralité de la terre : si les entrepreneurs de travaux et maîtres d'ouvrage sont autorisés à réaliser des projets attentant à la biodiversité, n'est-ce pas que la Terre est réputée n'abriter aucune déité ? *A priori*, la possibilité d'endommager un fonds de terre pour la réalisation d'ouvrages ou travaux attesterait de l'ancrage d'une conception occidentale moderne de la propriété comme maîtrise-souveraine et pouvoir de domination.

Il reste que l'article L. 163-1 I. du code de l'environnement n'évoque guère les propriétaires des fonds visés par ces actions, et que le jeu du mécanisme de compensation suppose la reconnaissance d'atteintes à la diversité biologique qu'abritent les terres inscrites dans le périmètre de ces projets, plans, schémas, programmes ou autres documents de planification. À telle enseigne que nous pourrions inversement en déduire que le mécanisme de compensation écologique repose sur une nouvelle sacralisation de la terre. De fait, ne faut-il pas que les humains aient conscience de profaner la terre par leurs ouvrages et travaux et, partant, qu'ils la considèrent habitée par un panthéon de déités pour élaborer un dispositif en cas d'atteintes à la biodiversité ? À l'âge de l'anthropocène, peut-être les humains craindraient-ils de nouveau d'empiéter sur le domaine d'une Cérès ou Déméter, et vivraient-ils dans la crainte de réveiller la colère d'une dénommée Gaïa, Terre-mère ou Pachamama.

En ce sens, relevons que, dans ses *Leçons de sociologie*, Durkheim explique qu'avant d'utiliser un terrain, les humains s'employaient, durant l'antiquité, à « le décharger de l'excès de religiosité qui [était] en lui » (Durkheim, 1950, p. 184). Ils accomplissaient des « rites de désacralisation » (Lévy-Bruhl, 1953). Pour qu'un fonds puisse « servir à des usages profanes », il fallait « le rendre profane ou tout au moins profanable sans péril » (Durkheim, 1950, p. 184). On n'empiétait, alors, sur le domaine des divinités qu'à la condition de faire « leur part » à ces dernières, et d'expier son « sacrilège par des sacrifices ». À l'image des agriculteurs de l'Antiquité qui auraient, malgré tout, choisi de troubler les déités dans leur possession, mais en leur faisant des offrandes auparavant, l'entrepreneur de travaux actuel ne devrait-il pas racheter sa faute en consentant à quelque sacrifice ? De même que les humains prenaient jadis les précautions nécessaires et veillaient à abaisser le degré de divinité de la terre afin de rendre certaines de leurs actions sans danger, ledit entrepreneur serait aujourd'hui astreint à une obligation de compensation en vertu du principe de prévention[14].

Dans *Par-delà nature et culture*, Philippe Descola émet, d'ailleurs, cette hypothèse que le sacrifice forme un dispositif de couplage propre aux ontologies analogistes (Descola, 2005, p. 317). Si, donc, les mesures de compensation pouvaient s'analyser en une manière de sacrifice visant à apaiser la nouvelle divinité offensée de la biodiversité, l'on pourrait être fondé à rapprocher le droit contemporain de l'environnement d'une manière analogiste de penser. Sans doute, le sang d'aucune victime, humaine ou non humaine, n'est-il répandu avant que les tronçonneuses n'abattent les arbres pour la construction, par exemple, d'une infrastructure linéaire (autoroute ou voie de chemin de fer) dûment autorisée par l'administration française. Mais Durkheim explique que les rites sacrificiels originaires furent ensuite remplacés par des dettes à payer aux dieux, puis par des dîmes à payer aux prêtres, avant de passer entre les mains des pouvoirs laïques et de constituer des impôts (Durkheim, 1950, p. 198). Dans son ouvrage retraçant l'histoire de la dette, David Graeber montre pareillement comment l'obligation de payer ses dettes a pu se substituer à celle de commettre des sacrifices (Graeber, 2013, p. 75). On ne se départirait donc pas de l'hypothèse sacrificielle, en posant que l'entrepreneur de travaux contracte une obligation auprès de la biodiversité qu'il s'apprête à endommager par la réalisation d'un projet autorisé : assujetti à cette obligation dite de compensation, ledit entrepreneur se trouve endetté vis-à-vis de la biodiversité. En prenant effectivement les mesures de compensation qu'il s'est engagé à réaliser, l'entrepreneur, débiteur, paie sa dette auprès de la biodiversité, sa créancière.

Le rapprochement entre le mécanisme de compensation écologique et les rites expiatoires peut être poussé plus loin encore : Durkheim précise que les cérémonies propitiatoires ne se déroulaient pas n'importe où. Les sacrifices avaient lieu sur de grosses pierres ou des troncs d'arbres « et qu'on appelait termes ». C'est que la charge sacrée d'une terre ne peut être anéantie, mais seulement déplacée, et ce aux confins de la terre désacralisée. Parce que « la religiosité ne se détruit pas » et « ne peut que se transposer d'un point sur un autre », la « force redoutée », initialement « dispersée dans le champ », se trouvait extraite, retirée, mais pour être transférée ailleurs ; on l'accumulait « à la périphérie » du site endommagé. Or, ces observations peuvent être reconduites au sujet de la compensation écologique : l'entrepreneur de travaux ne peut s'acquitter en argent de la dette contractée auprès de la biodiversité. Il doit payer sa dette en nature, non par équivalent monétaire, en prenant des mesures dites de compensation, et ceci en un lieu précis. L'article L. 163-5 al. 1 du code de l'environnement dispose, en effet, que les mesures de compensation des atteintes à la biodiversité, définies à l'article L. 163-1 du même code, « sont géo-localisées et décrites dans un système national d'information géographique ». En outre, les mesures par lesquelles le débiteur se libère de sa dette contractée auprès de la biodiversité, doivent être prises non loin du fonds profané : « Les mesures de compensation sont mises en œuvre en priorité sur le site endommagé ou, en tout état de cause, à proximité de celui-ci ». Aussi, peut-on considérer les sites affectés aux mesures dites de compensation comme des lieux de sacrifices visant à apaiser la ou les divinité(s) offensée(s) par les travaux réalisés sur un site avoisinant.

Il faut encore ajouter que les bornes ou les termes deviennent, selon Durkheim, des lieux sacrés : « Considérés en quelque sorte comme autant d'autels », ces grosses pierres ou troncs d'arbres prennent « un caractère éminemment religieux ». Le cas échéant, « la bande de terre » ayant « servi de théâtre à cette cérémonie » est « consacrée » ; c'est en elle que se trouve « reporté ce que le champ avait de divin ». Dès lors, cette aire est « réservée, on n'y touche pas, on ne la laboure pas, on ne la modifie pas ». « Elle n'est pas aux hommes », note le sociologue, « elle est au dieu du champ » (Durkheim, 1950, p. 184-185). Or, dans la compensation écologique, le site où sont prises les mesures de compensation doit être durablement affecté à la réalisation de celles-ci : le débiteur de l'obligation de compensation doit fournir à l'administration la garantie qu'il pourra effectivement mener ses opérations sur un bien foncier déterminé. Divers moyens peuvent être employés à cette fin : il est permis de dédier ce fonds à la réalisation de mesures de compensation en le grevant d'un droit réel de jouissance spécial, en le donnant à bail emphytéotique, en recourant à la technique de la fiducie, ou bien encore, en constituant une obligation réelle environnementale (Doussan, 2015). En toute hypothèse, le site affecté à la réalisation de mesures de compensation des atteintes à la biodiversité se trouve comme destiné à celle-ci. Au final, tout se passe comme si le fonds de compensation désignait le lieu où faire ses offrandes à la déesse ou aux divinités de la biodiversité et, ce faisant, constituait un autel ou un panthéon, soit un lieu consacré, réservé, une manière d'aire protégée, de sanctuaire, d'*agdal* ou de jardin pérenne.

L'hypothèse selon laquelle la compensation écologique relèverait d'une conception juridique analogiste pourrait, alors, se confirmer. À l'examen, le mécanisme permet d'amorcer le « rétablissement compensatoire » des éléments endommagés de la biodiversité (Descola, 2005, p. 318-319). Similairement au rite sacrificiel, il instaure des relations de contiguïté entre un sacrifiant — l'entrepreneur de travaux —, un prêtre-sacrificateur — l'État ou l'autorité administrative autorisant les opérations —, une victime sacrificielle — le site offert pour la réalisation des mesures de compensation —, et une déesse ou pluralité de divinités bénéficiaire du sacrifice — la biodiversité. Du reste, les bornes, termes ou cairns ont déjà pu être analysés comme des points de rencontre possible entre des manières naturaliste et analogiste de vivre la condition humaine. Romain Simenel montre ainsi comment, au Maroc, les bornes domaniales de l'administration forestière sont réinvesties par les femmes berbères pour devenir des lieux de rituels (Simenel, 2016, p. 60-76).

Affirmant que le droit romain forme un droit réicentré au sens de Paolo Grossi et que la catégorie descolienne de l'analogisme s'avère opératoire pour comprendre le monde romain, Gérard Chouquer enseigne, pour sa part, que l'arpentage fait « partie de ces ensembles de règles et de pratiques qui ont pour but de créer du sens entre des choses éparses, d'ordonner des existants ». Quand ils décrivent les sols, les arpenteurs se demandent « comment rassembler des singularités » ; les cartes qu'ils dressent ne visent pas à unifier l'espace, mais « à réaliser des imbrications de trames quadrillées ». Selon l'historien, « cette pratique dit l'analogisme antique qui articule et ne fusionne pas, alors que notre universel plan parcellaire issu de la mappe sarde ou du cadastre napoléonien pose un principe opposé, celui de la fusion de la diversité dans un unique dessin de référence » (Chouquer, 2008, p. 866-867). Dans la mesure où il invite à dresser une nouvelle topographie superposable aux documents de planification préexistants et éventuelles aires protégées, le mécanisme de compensation pourrait, alors, venir réitérer une manière antique d'organiser l'espace. Surtout, il pourrait réactualiser une institution existant depuis la haute antiquité : l'antichrèse.

La réactualisation de l'antichrèse
ou le renouvellement de la critique

Plusieurs dispositifs peuvent être sollicités pour affecter durablement un fonds à la mise en œuvre des mesures de compensation. On a déjà mentionné l'obligation réelle environnementale, le droit de jouissance spécial, le bail emphytéotique, etc. Ces moyens ne rendent toutefois pas compte de la situation juridique dans sa globalité. En quoi consiste le mécanisme de compensation écologique dans son ensemble ? Le législateur ne le dit pas. On peut, certes, penser que ce mécanisme est une innovation contemporaine, l'analyser comme telle, et en étudier les diverses variations au sein du droit de l'environnement (Lucas, 2012). Mais nous pouvons aussi tenter de le qualifier juridiquement afin d'en mieux comprendre les ressorts, les avantages et les inconvénients, puis de prendre du recul par rapport aux critiques qui en sont aujourd'hui faites.

On peut commencer par déterminer le lien existant entre la biodiversité, d'une part, et l'entrepreneur de travaux, d'autre part. Dans la mesure où il doit exécuter une obligation de compensation à raison des atteintes commises à la biodiversité, on peut considérer que l'entrepreneur est débiteur de la biodiversité. Dans la mesure où elle est victime d'un préjudice prévu ou prévisible, on peut penser que la biodiversité est créancière de l'auteur dudit dommage, soit de l'entrepreneur. Pour payer sa dette auprès de la biodiversité, ce dernier doit réaliser des mesures de compensation, c'est-à-dire exécuter des prestations de service à partir d'une terre spécialement affectée : un fonds appelé fonds de compensation. Parce que ces prestations doivent produire des résultats (article L. 163-1 I al. 2 du code de l'environnement), ceux-ci peuvent être qualifiés de fruits. Car les résultats des mesures de compensation peuvent être regardés comme des choses régulièrement ou périodiquement produites par une autre chose — en l'occurrence le fonds de compensation — sans altération de la substance de celle-ci. Produits, soit par le débiteur lui-même, soit par un tiers-cocontractant (le dénommé opérateur de compensation (article L. 163-1 III du code de l'environnement)), les fruits viennent éteindre l'obligation de compensation. Ils sont ce par quoi l'entrepreneur exécute son obligation et se libère de sa dette envers la biodiversité.

Il est, dès lors, permis de se demander si le mécanisme de compensation écologique ne serait pas une réitération de l'antichrèse. Mesure de sûreté, l'antichrèse est une convention par laquelle un débiteur remet en garantie à son créancier un immeuble dont les revenus doivent servir à l'acquittement de la dette. Elle est une « convention par laquelle un débiteur transfère à son créancier la possession d'un immeuble dont ce dernier percevra les fruits ou les revenus, et les imputera sur les intérêts et le capital de sa créance jusqu'à extinction de celle-ci » (*Dictionnaire de l'Académie française*). Si les résultats des mesures de compensation sont des fruits du fonds affecté au paiement de la biodiversité, et si ces fruits servent à l'acquittement de la dette de l'entrepreneur, alors le fonds affecté au paiement de la biodiversité peut être qualifié de chose antichrésée et la biodiversité de créancière antichrésiste. Les définitions de l'antichrèse comme « usage d'une chose pour une autre » ou « jouissance donnée en remplacement » confortent l'idée que la compensation écologique peut s'analyser en tant que telle (*Trésor de la langue française*). Car c'est la jouissance d'un fonds de terre, conférée à la biodiversité en remplacement ou en compensation des atteintes lui étant portées sur un autre terrain, qui permet à l'entrepreneur de payer pour son forfait et d'en devenir quitte.

Désormais appelée gage immobilier (article 10 de la loi n° 2009-526 du 12 mai 2009), l'antichrèse est définie à l'article 2387 du code civil comme l'affectation d'un immeuble en garantie d'une obligation. Or, le fonds de compensation représente un immeuble affecté à la réalisation de mesures de compensation en garantie de l'obligation éponyme. En outre, l'article 2389 du code civil dispose que le créancier antichrésiste perçoit les fruits de l'immeuble affecté en garantie. Or, les résultats des mesures réalisées sur le fonds de compensation ajoutent au patrimoine de la biodiversité, créancière de l'entrepreneur ayant porté atteinte à son intégrité. L'article 2389 prévoit, en plus, que le créancier antichrésiste perçoit les fruits de l'immeuble à charge de les imputer sur les intérêts, s'il en est dû, et subsidiairement sur le capital de la dette. Or, les fruits de l'immeuble affecté en garantie, c'est-à-dire les résultats des mesures prises sur le fonds de compensation, sont imputés sur le capital de la dette constituée par les atteintes portées à la biodiversité. Car l'entrepreneur exécute son obligation de compensation et paie sa dette à l'égard de la biodiversité en réalisant des mesures de compensation. Dans la mesure, enfin, où l'article L. 163-1 I al. 2 du code de l'environnement précise que les mesures de compensation des atteintes à la biodiversité visent un objectif d'absence de perte nette, voire de gain de biodiversité, un éventuel surplus de fruits produits par les mesures de compensation s'ajouterait, le cas échéant, au remboursement du capital pour former des intérêts profitant à la biodiversité.

Si l'antichrèse figure dans le code civil depuis 1804, elle ne se trouvait néanmoins pas dans son projet (Planiol, 1922-1924, p. 789-792). Ses rédacteurs l'avaient négligée tant elle était, au XVIIIᵉ siècle, rarement usitée. C'est que l'antichrèse était assimilée au seul cas où les fruits de l'immeuble grevé étaient perçus par le créancier en paiement des intérêts de la dette (*ibid.*). À cette époque, l'antichrèse représentait un moyen pour le débiteur de rembourser la dette contractée pour l'avenir auprès d'un créancier. En d'autres termes, cette sûreté permettait d'obtenir l'octroi d'un prêt. Parce que les fruits s'imputaient sur les intérêts de la somme prêtée, la garantie constituait un prêt à intérêt. Or, sous l'influence canonique, très puissante en France, le prêt à intérêt n'était pas autorisé dans l'ancien droit. Déclarée usuraire, l'antichrèse productrice d'intérêts fut donc prohibée dès 829.

Cet emploi de l'antichrèse comme prêt à intérêt conduit à affiner l'analyse de la compensation écologique : à l'examen, l'entrepreneur n'est pas déjà endetté auprès de la biodiversité auquel il s'apprête à porter atteinte ; il lui emprunte. Autorisé à réaliser des travaux par l'administration compétente, l'entrepreneur contracte une dette auprès de la biodiversité à raison des préjudices qui lui seront ultérieurement portés. Dès lors, la compensation écologique peut s'analyser en une antichrèse visant à contracter une dette future, soit à l'obtention d'un prêt, mais d'un prêt sans intérêt. Car les fruits du fonds affecté à la compensation, c'est-à-dire les résultats des mesures de compensation, s'imputent sur le capital de la dette que représentent les atteintes faites à la biodiversité. Dès lors, en effet, que les mesures de compensation doivent conduire à une absence de perte nette de biodiversité et, le cas échéant seulement, à des gains de biodiversité, la biodiversité ne saurait exiger davantage que le remboursement du capital de sa créance. Tout juste, pourrait-elle récolter, le cas échéant, quelques dividendes. On peut, alors, en tirer cette conclusion que la compensation écologique ne constitue pas une pratique usuraire, de sorte qu'elle ne serait pas tombée sous le coup de la prohibition canonique si elle avait existé en ce temps.

Généralement regardée comme un instrument capitalistique et décriée à ce titre, la compensation écologique serait, en réalité, une libéralité consentie par la biodiversité à ses destructeurs mêmes. Où l'on s'aperçoit que les raisons pour lesquelles la compensation écologique se trouve souvent contestée pourraient être inexactes, et le reproche exactement inverse lui être adressé : ce n'est pas parce qu'elle ressort de la logique capitaliste, mais parce qu'elle est d'esprit philanthropique que la compensation écologique pose problème. Le mécanisme revient à accepter que la biodiversité consente des prêts à ceux qui la détruisent à charge pour ces derniers de rembourser le seul capital de leur dette.

Pour s'en convaincre, un retour sur l'histoire s'avère utile : parce que les créanciers, intimidés par les censures de l'Église, n'osaient plus pratiquer l'antichrèse usuraire, ils convenaient, lorsque des terres leur étaient données en gage, que les fruits seraient imputés sur le capital de la dette. L'on en vint à distinguer deux procédés : le mort-gage, usuraire, prohibé et peu à peu identifié à l'antichrèse, d'une part, le vif-gage, gratuit et autorisé, d'autre part. Au regard du mort-gage, le vif-gage apparaissait comme un procédé « amélio[rant] sensiblement la situation du débiteur » (Colin et Capitant, 1931, p. 362). Au contraire du mort-gage où la chose engagée ne rendait plus aucun service au débiteur et représentait, pour lui, un bien mort, le vif-gage se trouvait tout à son « avantage » (Glasson, 1887-1903, p. 666-667). On considérait alors que les abbayes choisissaient « de faire un placement » lorsqu'elles demandaient à leurs emprunteurs la constitution d'un mort-gage, et agissaient, à l'inverse, « dans une pensée de bienfaisance » quand elles leur demandaient la constitution d'un vif-gage (Génestal, 1901, p. 2).

Rapportée à la compensation écologique, cette distinction invite à tirer la conclusion suivante : dès lors que les fruits du fonds engagé (les résultats des mesures de compensation) ne sont pas attribués à la biodiversité en pure perte pour l'entrepreneur, mais en paiement des atteintes faites par celui-ci à celle-là, le mécanisme peut s'analyser en un vif-gage[15]. Cela signifie qu'en autorisant les entrepreneurs à porter atteinte à la biodiversité moyennant compensation écologique (c'est-à-dire affectation des fruits d'un fonds de terre au remboursement de la dette constituée par les atteintes portées sur un autre terrain), nous faisons montre à leur égard de charité ou générosité. Il faut donc le répéter : ce qui fait difficulté avec la compensation écologique n'est pas qu'elle constitue un instrument de l'économie libérale, mais qu'en régime capitaliste et à l'âge de l'anthropocène, elle revient à consentir des libéralités aux agents destructeurs de la biodiversité. La compensation écologique permet à des entrepreneurs d'obtenir l'autorisation d'attenter à la biodiversité sans bourse délier, mais à la seule condition de rembourser la dette ainsi contractée.

À l'évidence, le mécanisme ne saurait atteindre l'objectif qui est le sien, à savoir prévenir les dommages écologiques, s'il revient à prêter secours et assistance à ceux qui demandent l'autorisation de préjudicier à la biodiversité. On aurait toutefois tort d'appeler à la suppression du mécanisme. Car la compensation écologique a au moins ce mérite d'obliger les agents destructeurs de biodiversité à rembourser leurs dettes. Pour que le procédé soit efficient en termes de prévention, nous pourrions le transformer en un mort-gage, soit en une antichrèse usuraire. Autrement dit, il faudrait imposer aux entrepreneurs de travaux d'emprunter auprès de la biodiversité contre intérêts, et décider que les fruits du fonds de compensation ne s'imputeront pas sur le capital, ou du moins pas directement sur le capital, mais sur des intérêts de la dette. Pour le dire en un mot, il faudrait que la biodiversité se fasse usurière.

L'institution de fonds servants ou de temples dédiés à la biodiversité

Nous en sommes jusqu'ici restés à l'hypothèse où le débiteur de l'obligation de compensation s'exécute par lui-même ou *via* un tiers : l'opérateur de compensation. Reste donc à comprendre le troisième mode d'exécution de cette obligation : l'acquisition d'unités de compensation dans le cadre d'un site naturel de compensation (article L. 163-1 II du code de l'environnement). En ce dernier cas, il ne s'agit pas d'effectuer ou de faire effectuer des prestations de service sur un fonds affecté à la compensation, mais d'acquérir de nouveaux biens : des unités de compensation. Pour payer la dette qu'il s'apprête à contracter auprès de la biodiversité, l'entrepreneur de travaux s'engage à acheter des droits auprès des sites naturels de compensation (article D. 163-4 du code de l'environnement). Définis comme des opérations de restauration ou de développements d'éléments de biodiversité (article L. 163-3 du code de l'environnement), ces sites auraient pour fonction d'émettre, puis de vendre des titres financiers. Conçus telles des actions inféodées à des lieux déterminés, les sites naturels de compensation sont donc des fonds travaillant à la création d'éléments de biodiversité et, partant, œuvrant pour la biodiversité. L'on pourrait alors les regarder comme de nouveaux temples dédiés à la déesse de la biodiversité ou tel un panthéon des divinités de la biodiversité.

Que des sites d'émission et de vente d'unités de compensation puissent être regardés comme des lieux de célébration de divinités peut étonner. Mais l'activité bancaire des sites naturels de compensation pourrait effectivement aller de pair avec leur fonction de sanctuaire : dans *La vie méconnue des temples mésopotamiens*, Dominique Charpin soutient que ces temples représentent les premières banques dont nous ayons connaissance. Pour l'époque paléo-babylonienne, précise-t-il, on possède « un assez grand nombre de prêts où le créancier est un dieu » et « dans la très grande majorité des cas, la divinité créancière est le dieu Soleil Samas » (Charpin, 2017, p. 64). Des temples appartenant à d'autres divinités s'adonnaient, eux aussi, à cette activité de prêteur. Ainsi Nisaba, la déesse de l'écriture, de la comptabilité et de l'arpentage, détenait des tablettes dans lesquelles étaient inscrites les parcelles de champ attribuées par le pouvoir royal en contrepartie de services (*ibid.*, p. 106, p. 130). À l'instar de la déesse du grain et des arts du scribe, la biodiversité pourrait assumer une même fonction de prêt auprès des entrepreneurs, et posséder, en retour, des temples ou demeures : les sites naturels de biodiversité.

La comparaison avec les temples mésopotamiens montre que l'évaluation monétaire des éléments créés de biodiversité et la possibilité pour les sites naturels de compensation d'émettre et de vendre les titres correspondant ne signifient pas nécessairement l'extension de l'économie marchande à la sphère de la nature, de la biodiversité et de ses paysages. En ce sens, David Graeber observe que dans les grands complexes des temples et des palais mésopotamiens, c'est la monnaie de crédit, c'est-à-dire celle servant « essentiellement à faire des comptes et non à changer physiquement de mains », qui prédominait (Graeber, 2013, p. 263). À l'époque médiévale aussi, la monnaie irlandaise pouvait servir, non à échanger des biens, mais à évaluer la dignité des humains (*Ibid.*, p. 215-216). C'est dire que dans une économie qui serait une « économie humaine », et plus largement, une économie des écosystèmes, milieux ou écoumènes, nous pourrions faire l'évaluation monétaire de la dignité des éléments de biodiversité créés sur les sites naturels de compensation ou temples dédiés à la biodiversité, sans craindre une marchandisation de la nature. Si donc les sites naturels de compensation doivent être critiqués, ce n'est peut-être pas tant en raison de l'estimation chiffrée des éléments de biodiversité sur laquelle ils reposent, et du vocabulaire comptable et financier qui lui est associé, que du contexte dans lequel ils s'inscrivent aujourd'hui : celui d'une économie marchande.

La mise en regard des sites de compensation avec les temples antiques pourrait encore nous offrir une vision alternative des rôles assignés aux humains en leur sein : à lire David Graeber, les temples des cités-États mésopotamiennes « étaient des institutions industrielles, complexes et colossales, qui employaient souvent des milliers de personnes » (Graeber, 2013, p. 81-82). En particulier, « l'économie sumérienne était dominée par de vastes complexes de temples et de palais. Leur personnel se comptait souvent par milliers : des prêtres et des dignitaires, des artisans qui œuvraient dans leurs ateliers industriels, des agriculteurs et des bergers », etc. (*Ibid.*, p. 50). Si les sites naturels de compensation n'emploient pas tant de personnes, celles-ci pourraient endosser le même rôle qu'au sein des temples mésopotamiens : celui d'administrateur ou d'intendant des lieux. En effet, l'article L. 163-3 du code de l'environnement prévoit que les sites naturels de compensation « peuvent être mis en place par des personnes publiques ou privées, afin de mettre en œuvre [des] mesures de compensation ». L'article D. 163-1 du même code précise que seules les personnes disposant de certaines capacités techniques et financières, et justifiant de droits sur les terrains d'assiette des sites envisagés pour la mise en œuvre de mesure de compensation peuvent mettre en place ces derniers. Puis, les articles D. 163-7 et D. 163-8-2 dudit code prévoient les devoirs et les droits à l'information des personnes mettant en place ces sites naturels. Ainsi les personnes ouvrant ces sites apparaissent bien plutôt comme les administratrices ou gestionnaires des demeures ou des lieux dédiés à la biodiversité que comme les maîtresses ou souveraines de fonds qui leur seraient assujettis. En d'autres termes, ces personnes ne partagent guère ici la condition juridique humaine caractéristique de l'âge occidental moderne : celle de libres sujets de droit.

La position occupée par les humains dans les sites naturels de compensation évoque encore celle des humains relativement aux fonds de terre ou héritages en droit médiéval. À lire Emanuele Conte, il se pourrait, en effet, que les sites naturels de compensation produisent les deux principaux effets de cet « empire des choses sur les hommes » régnant à l'âge médiéval : « En premier lieu, explique l'historien, c'est souvent par une dignité, par un office, ou par une charge publique qu'on acquiert le droit de disposer des choses (...) ; en second lieu, et par voie de conséquence, le pouvoir de disposer d'une chose ou le devoir de la servir tendent à s'établir de façon permanente au-delà de la personne humaine qui les exerce » (Conte, 2013, p. 73-86). Or pour ouvrir un site naturel de compensation, une demande d'agrément doit être adressée au ministre chargé de l'Environnement (article D. 163-3 du code de l'environnement). La décision du ministre doit être prise après avis préalable du Conseil national de la protection de la nature. Et les décisions d'octroi, de modification ou de retrait de l'agrément requièrent un arrêté ministériel (article R. 163-2 al. 1 et 2 du code de l'environnement). L'évaluation et le suivi des sites naturels de compensation se trouvent, ensuite, réalisés par un comité de suivi local, présidé par le préfet de région, et dont les comptes rendus sont transmis au ministère de l'Environnement (article D. 163-9 du code de l'environnement).

Aussi, la gestion d'un site naturel de compensation s'apparente-t-elle davantage à l'exercice d'un office ou d'une charge publique qu'à l'activité d'un marché dérégulé. C'est par un agrément, soit par une dignité, que des personnes acquièrent le droit de disposer de terres à des fins d'émission et de ventes d'unités de compensation. Dans la mesure, aussi, où les mesures de compensation doivent être effectives durant toute la durée des atteintes portées à l'environnement (article L. 163-1 I alinéa 2 du code de l'environnement) et où l'agrément d'un site naturel de compensation ne peut être accordé pour moins de trente ans (article D. 163-5 du code de l'environnement), le devoir de réaliser des mesures de compensation sur le site agréé et d'y servir la biodiversité doit s'établir de façon, sinon permanente, du moins pérenne, et durer au-delà de la vie du maître d'ouvrage.

Il est permis d'aller plus loin encore dans le rapprochement avec l'âge médiéval : selon Emanuele Conte, cet âge se caractérise par une quête de stabilité s'exprimant dans la relation entre choses et repérable dans deux types d'expression : soit dans l'élargissement des objets considérés comme des choses, soit dans l'extension des possibilités d'établir des servitudes réelles (Conte, 2013, p. 85-86). Or, les sites naturels de compensation, les éléments créés de biodiversité et les unités de compensation peuvent être regardés comme de nouvelles choses apparues sous le ciel du droit. Des choses frugifères, les sites naturels produisent d'autres choses : des éléments de biodiversité, soit des fruits. Puis, ils émettent des titres financiers correspondant à ces derniers : les unités de compensation, et les mettent en vente. Ce faisant, les sites naturels de compensation entretiennent des relations avec la biodiversité. Ces choses situées se trouvent assujetties, obligées envers elle. Ce sont des fonds servants, mis au service de la biodiversité, fonds dominants. Aussi, la partie réglementaire du code de l'environnement dédiée à la compensation comporte-t-elle une section intitulée « obligations des sites naturels de compensation ». En ce sens, l'article D. 163-9 énonce que « le comité de suivi local est chargé du suivi des obligations qui incombent au site naturel de compensation », l'article D. 163-7 prévoit que « l'agrément peut être modifié ou retiré si le site naturel de compensation cesse de remplir l'une des obligations prévues à l'article D. 163-8 », et l'article D. 163-4 dispose que les entrepreneurs de travaux peuvent acquérir des unités de compensation « auprès du site naturel de compensation »[16].

Ainsi notre hypothèse de départ pourrait se confirmer : au sein de notre droit orienté vers la libre circulation des biens prendrait corps un autre droit, tourné vers la richesse et la solidité des relations entre les choses, entre les choses et les personnes, et entre les personnes. Et si, à la différence des juristes du haut Moyen Âge, nous paraissons loin d'exclure complètement le sujet humain, les humains chargés de l'établissement et de la surveillance d'un site naturel de compensation en sont les intendants ; ils sont là à titre d'administrateurs chargés de la gestion d'une économie dont la stabilité peut être garantie par la présence concurrente de choses situées, territorialisées et obligées, astreintes à des obligations envers d'autres.

Étendre le droit des choses analogues aux quotas d'utilité écologique

De même qu'un droit des choses voisines ne se réduirait pas au droit des servitudes, mais intégrerait, notamment, la théorie des inconvénients anormaux de voisinage, un droit des choses analogues ne reposerait pas uniquement sur le mécanisme de la compensation écologique, mais porterait également sur les quotas d'émission de gaz à effet de serre, les certificats d'économie d'énergie et les certificats d'économie de produits phytosanitaires. En effet, ces différents biens, récemment parus en droit, pourraient traduire un même esprit que les unités de compensation des atteintes à la biodiversité. Chacun de ces nouveaux biens pourrait participer d'une logique de compensation et, partant, d'une logique analogique : tandis que l'acquisition d'unités de compensation vient compenser les atteintes à la biodiversité, celle des quotas d'émission de gaz à effet de serre vient compenser les atteintes à l'atmosphère (art. L. 229-15 du code de l'environnement), celle des certificats d'économie d'énergie les atteintes aux forces telluriques (art. 221-8 du code de l'énergie), et celle des certificats d'économie de produits phytopharmaceutiques les atteintes à la richesse des fonds de terre (art. L. 254-10-2 et s. du code rural et de la pêche maritime).

Ces dispositifs s'avèrent analogistes dans la mesure où ils reposent sur des similitudes de rapports entre des choses et, plus précisément, sur une équivalence de rapports entre un site polluant à une période donnée et ce même site une année après, et un autre site polluant à une époque donnée et celui-ci un an plus tard. Ainsi, lorsqu'un site cause davantage de pollution, par exemple atmosphérique, qu'il n'y est autorisé, une dette est contractée auprès de l'atmosphère, soit du grand fonds de la Terre. Pour se délivrer de cette dette auprès de l'administration, intendante de la Terre, l'industriel peut acheter des quotas d'émission de gaz à effet de serre à l'exploitant d'un autre site qui, ayant causé une moindre pollution que ce à quoi il était autorisé, en dispose de manière excédentaire. De même, l'exploitant assujetti à une obligation de faire des économies d'énergie doit-il assurer le rétablissement compensatoire des richesses telluriques qu'il aurait prélevées dans des proportions excessives, en acquérant, par exemple, des certificats d'économie d'énergie. De même encore, le vendeur de produits phytosanitaires, tenu de participer à la réduction de la pollution des sols, peut-il se trouver récompensé de son action en faveur de la Terre par des certificats d'économie de produits phytopharmaceutiques.

Deux observations peuvent alors être faites : d'une part, la présentation de ces dispositifs compensatoires comme participant d'un droit des choses analogues n'enlève rien à la critique que l'on peut en faire. Dans cette perspective, il paraît également cynique qu'une diminution de pollution puisse donner lieu à des gratifications, et que des entreprises soient délibérément autorisées à polluer l'air, le sol ou la biodiversité dans certaines proportions. D'autre part, l'apparition de biens représentatifs de la qualité de l'air, des richesses de la terre ou de la diversité biologique ne signifie pas l'entrée de l'atmosphère, du sol ou de la biodiversité dans un monde entièrement libéralisé. L'économie dans laquelle ces biens entrent n'est pas tant une économie libérale qu'une « économie administrée ». Concernant, par exemple, les quotas d'émission de gaz polluants, les entreprises concernées ne doivent pas rejeter davantage de gaz qu'autorisé ; la créance de chacune d'entre elles « contre le marché est cantonnée » (Vidal, 2017). De même, les certificats d'économie traduisent une politique dirigiste, dans la mesure où les obligés sont autorisés à poursuivre leur activité de vente d'énergie ou de produits phytopharmaceutiques sous condition de réaliser des économies. Si, donc, des marchés du carbone, de l'énergie ou de la biodiversité sont peu à peu créés, il ne s'agit pas de marchés dérégulés, mais de marchés — sur le principe au moins — réglementés.

S'interrogeant sur la « multiplication contemporaine des autorisations administratives indispensables à l'exercice d'activités professionnelles », en particulier agricoles, et sur l'insertion parmi les biens des droits de plantation et des quotas de pêche ou betteraviers, un juriste observe qu'en « conditionnant l'accès à un marché administré (…), ces permissions s'insèrent parmi les sources de revenus » des agriculteurs concernés, partant, qu'un marché se crée relativement à ces licences. Et l'auteur d'en déduire : ce commerce « sollicite aussitôt l'instance juridique de recevoir ces manières de privilèges parmi les biens » (Revet, 2003). Force est donc de constater que les biens ou, tout au moins, certains biens environnementaux sont littéralement des privilèges, soit des droits ou des avantages particuliers accordés par une autorité, à une personne ou à un groupe de personnes. Nous dirions que ces biens sont des places concédées par la puissance publique au sein des choses de l'air, de la biodiversité ou des eaux, à des personnes désormais privilégiées au regard de la communauté des autres habitants.

Les communautés d'habitants, un droit des choses amies

La quatrième forme de relations, présentée par Michel Foucault, « est assurée par le jeu des sympathies. Là nul chemin n'est déterminé à l'avance, nulle distance n'est supposée, nul enchaînement n'est prescrit. La sympathie joue à l'état libre dans les profondeurs du monde » (Foucault, 1966, p. 38-40). Simultanément, poursuit Foucault, l'antipathie, « sa figure jumelle », « maintient les choses en leur isolement et empêche l'assimilation » ; « L'identité des choses, le fait qu'elles peuvent ressembler aux autres et s'approcher d'elles, mais sans s'y engloutir et en préservant leur singularité, c'est le balancement constant de la sympathie et de l'antipathie qui en répond » (*ibid.*). Ce rapprochement de choses ensemble, sans que celles-ci perdent leur singularité et identité, nous semble renvoyer aux collectifs que Philippe Descola qualifie d'analogistes. Or il est permis de se demander si les revendications actuelles des communautés, par exemple, autochtones, paysannes ou libertaires ne peuvent pas s'analyser en des pétitions de collectifs, et de collectifs sinon analogistes, du moins a-modernes ou non naturalistes, c'est-à-dire de groupes qui ne seraient pas uniquement, ni nécessairement composés d'humains.

Le cas échéant, nous ne serions peut-être pas entièrement démunis pour les traduire juridiquement. Car le droit connaît la notion de communauté. À son article 8 J, la Convention internationale sur la diversité biologique de 1992 stipule, en effet, que chaque partie contractante, dans la mesure du possible et « sous réserve des dispositions de sa législation nationale, respecte, préserve et maintient les connaissances, innovations et pratiques des communautés autochtones et locales qui incarnent des modes de vie traditionnels présentant un intérêt pour la conservation et l'utilisation durable de la diversité biologique ». Cette importance conférée aux communautés autochtones et locales dessine simultanément les limites de leur reconnaissance : c'est à la condition et en tant qu'elles présentent un intérêt pour la biodiversité que ces communautés sont protégées. Reconnues d'utilité écologique, ces communautés sont comme assignées au maintien de cette utilité, puis affectées à la préservation de l'environnement, sous peine de perdre leur statut protecteur. Autorisant la ratification du protocole de Nagoya sur l'accès aux ressources génétiques et le partage juste et équitable des avantages découlant de leur utilisation à la Convention sur la diversité biologique, la loi biodiversité du 8 août 2016 dédie une section du code de l'environnement à son application[17]. En précisant à l'article L. 412-4 4 dudit code qu'une communauté d'habitants s'entend d'une communauté tirant « traditionnellement ses moyens de subsistance du milieu naturel et dont le mode de vie présente un intérêt pour la conservation et l'utilisation durable de la biodiversité », le législateur français consent des droits aux communautés d'utilité écologique sur le terrain des ressources génétiques et des savoirs traditionnels associés.

On peut alors se demander si les communautés paysannes, villageoises ou, par exemple encore, libertaires, qui recherchent l'autonomie sur les plans, notamment, alimentaire ou énergétique, ne pourraient pas être qualifiées de communautés locales au sens de l'article 8 J de la Convention sur la diversité biologique, et de communauté d'habitants au sens de l'article L. 412-4 4 du code de l'environnement. À l'évidence, il ne s'agit pas de peuples autochtones puisque les membres de ces communautés ne sont pas nés, issus des terres cultivées et nourricières. Mais elles pourraient se considérer comme des communautés locales d'habitants. En effet, les occupants de Notre-Dame-des-Landes, près de Nantes, ou des Lentillères, près de Dijon, entendent tirer une partie au moins de leurs moyens de subsistance du milieu naturel dans lequel ils vivent. Via leurs expérimentations faites dans le domaine, par exemple, de l'agroécologie, de l'agroforesterie ou de la permaculture, les zadistes développent des connaissances, innovations et pratiques utiles pour la conservation et l'utilisation durable de la diversité biologique. De même, les mouvements de lutte paysanne, qui développent des pratiques alternatives à l'agro-industrie, peuvent être regardés comme autant de communautés locales incarnant « des modes de vie traditionnels présentant un intérêt pour la conservation et l'utilisation durable de la diversité biologique ».

Il reste que la qualification des communautés d'habitants de zones à défendre, de villages ou de terroirs en communautés locales au sens du droit international de l'environnement ou de communauté d'habitants au sens de la loi biodiversité ne saurait suffire à leur déploiement. Car loin d'être autonomes, les communautés locales ou d'habitants se trouvent comme chapeautées par le masque de la personnalité et ne peuvent agir, tels les mineurs non émancipés ou les personnes majeures vulnérables, que par l'intermédiaire de leurs représentants[18].

Les communautés autochtones et locales, des communautés entravées

Sur le terrain des ressources génétiques et des savoirs traditionnels associés à celles-ci, l'institutionnalisation des communautés d'habitants est particulièrement marquée : ces communautés se trouvent nécessairement doublées d'une personne morale de droit public. L'article L. 412-10 du code de l'environnement prévoit que dans chaque collectivité où est présente une communauté d'habitants, est désignée, par décret, une personne morale de droit public chargée d'organiser la consultation de la ou des communautés d'habitants détentrices de connaissances traditionnelles associées aux ressources génétiques. Cette personne morale de droit public se trouve habilitée à négocier, mais aussi à signer, avec l'utilisateur des savoirs traditionnels, le contrat de partage des avantages en découlant, et en tant que de besoin, à gérer les biens dévolus en application du contrat.

Sans doute, cette procédure vise-t-elle à s'assurer du consentement préalable des communautés d'habitants à l'utilisation de leurs savoirs. En réputant non écrite la clause du contrat qui accorderait à un partenaire l'exclusivité du droit d'user de leurs connaissances, ces communautés se trouvent protégées d'une éventuelle tentative d'extorsion ou d'enclosure de leur patrimoine culturel local (article L. 412-13 II du code de l'environnement). Seulement, ces collectifs apparaissent tels des incapables majeurs ou des mineurs non émancipés dès lors qu'il appartient à la personne morale désignée d'identifier la ou les communautés concernées par une demande d'utilisation de savoirs traditionnels, de déterminer les modalités d'information et de participation de ces communautés, de diffuser cette information et d'organiser ladite participation, enfin, de consigner le déroulement de la consultation et son résultat dans un procès-verbal, au vu duquel l'administration choisit d'accéder à la requête ou de la rejeter, en partie ou en totalité (articles L. 412-11 et L. 412-12 du code de l'environnement). Quant aux avantages découlant de ces savoirs, la loi prévoit leur affectation à des projets bénéficiant directement aux habitants, mais menés avec leur participation et en concertation avec eux, non pas directement par eux (articles L. 412-9 II et L. 412-45 du code de l'environnement).

Ajoutons qu'en distinguant les ressources génétiques des savoirs traditionnels qui leur sont associés, le droit de l'environnement ratifie la division moderne nature-culture, et contraint les communautés d'habitants autochtones et locales à s'inscrire dans ces catégories modernes. Il se trouve, en effet, qu'avec la Convention sur la diversité biologique de 1992, les ressources génétiques ont été comme extraites du patrimoine commun de l'humanité dans lequel on les disait jusqu'alors incluses, pour passer sous la souveraineté des États sur les territoires desquels elles sont situées. En France, les ressources génétiques sont alors entrées dans le patrimoine commun de la nation. Ce faisant, ces ressources ont échappé aux communautés vivant dans les mêmes milieux ou écosystèmes qu'elles-mêmes. Or, la loi biodiversité reprend cette distinction entre les ressources génétiques présentes sur un territoire et les savoirs que détiennent, sur elles, les habitants humains de ce même lieu. En droit, il est fait comme si la nature était une nature sauvage distincte de la culture indigène, alors même que des droits sont reconnus aux autochtones à raison des effets bénéfiques de leur mode de vie sur la biodiversité.

Autrement dit, d'un côté, l'interférence des diversités culturelle et biologique est admise pour octroyer des droits, notamment sur leurs savoirs, aux habitants des lieux. De l'autre, les ressources génétiques sont tenues pour indépendantes des savoirs indigènes, sans quoi elles ne pourraient rester dans le patrimoine commun de la nation française. S'agissant, en effet, des déclarations ou des demandes d'autorisation d'utiliser des ressources génétiques, exclusives des savoirs locaux, la loi biodiversité du 8 août 2016 ne prévoit pas de recueillir le consentement des communautés d'habitants concernées, mais uniquement de les informer : les articles L. 412-7 et L. 412-8 du code de l'environnement disposent que lorsque l'accès aux ressources génétiques a lieu sur le territoire d'une collectivité où sont présentes des communautés d'habitants, celles-ci doivent en être informées au terme d'une procédure d'information organisée par la personne morale de droit public désignée. Il est ainsi prévu qu'au cas où l'utilisation des ressources génétiques générerait une contrepartie financière, celle-ci est octroyée, non aux communautés concernées, mais à la nation française *via* l'affectation de l'avantage pécuniaire à un nouvel établissement public à caractère administratif : l'Agence française pour la biodiversité. Il semblerait donc que l'objectif poursuivi par la loi biodiversité soit moins la conservation et l'entretien de milieux naturels interagissant avec la communauté de leurs habitants humains et non humains que l'exploitation durable et juridiquement sécurisée de leurs richesses (*contra* Mendoza-Caminade, 2014).

Dans ces conditions, on peut se demander si la notion de communautés d'habitants ne devrait pas être rejetée outre-mer au motif qu'elle représente un vecteur de colonisation des savoirs indigènes. La question est d'autant plus sérieuse que l'expression de communautés d'habitants a été choisie afin d'évincer celle de communautés autochtones et locales (Hermitte, 2016). Mais plutôt que de considérer l'expression de communautés d'habitants comme le seul témoin d'une occasion ratée de reconnaître la présence de peuples autochtones sur le territoire français, peut-être devrions-nous reprendre la formule pour construire un droit des communautés d'habitants qui relierait les générations passées, présentes et futures des communautés métropolitaines et d'outre-mer. C'est que l'expression de communauté d'habitants n'est pas propre au droit contemporain de l'environnement : il s'agit d'une notion courante de l'ancien droit.

Les communautés villageoises, des communautés à redécouvrir

Les communautés d'habitants étaient importantes dans l'ancien droit français. Formées autour d'un territoire singulier ou d'un lieu-dit, ces communautés que l'on pourrait qualifier d'historiques, rassemblaient et rassemblent encore les habitants d'un même hameau, bourg ou village. À la différence des communautés d'habitants du récent code de l'environnement, ces communautés essentiellement formées de paysans n'apparaissent pas expressément utiles au point de vue écologique. De fait, ce sont plutôt les inconvénients des multiples formes de propriété collective que soulignèrent les physiocrates et, de façon générale, les libéraux (Vivier, 2003). Si les agronomes et les économistes déploraient, au XVIIIe siècle, la faible productivité des terres communes, les juristes les ont suivis et, en dépit du mouvement des communs et des travaux réhabilitant la propriété collective, le législateur actuel n'a pas changé de ligne : c'est parce qu'elles seraient archaïques et freineraient le développement économique que les dernières terres collectives des hameaux, bourgs ou villages, soit les sections de commune, sont aujourd'hui appelées à disparaître (Mézard *et al.*, 2012). Les communaux n'ont pourtant pas toujours été dénigrés. Ainsi, Le Play faisait observer, en 1855, que les communaux représentaient souvent pour les populations rurales un moyen d'échapper au paupérisme et de se maintenir « dans un état prononcé de bien-être et d'indépendance » (Graffin, 1899, p. 13). Confirmant ses dires, Graffin notait, en 1899, que ce n'était pas au point de vue restreint du rendement de la terre qu'il fallait se placer pour apprécier l'utilité des communaux, mais qu'il importait aussi et, surtout, d'envisager « les services » que ces biens étaient susceptibles de « rendre à l'habitant » (*ibid.*). Traduite en des termes contemporains, la proposition pourrait commander d'envisager les communaux au point de vue des services écologiques rendus aux habitants d'un lieu.

Reste que le potentiel écologique des droits collectifs des communautés villageoises pourrait se trouver diminué, comme celui des communautés autochtones et locales, par le recours à l'institution de la personne morale. Disposant que « les biens communaux sont ceux à la propriété ou au produit desquels les habitants d'une ou plusieurs communes ont un droit acquis », l'article 542 du code civil ne fait nulle mention d'une quelconque personne morale : les biens communaux ou les fruits de ceux-ci sont réputés appartenir à « tous les habitants » des communes ou des sections de commune, ainsi que l'énonçait la loi de 1793 à l'origine de la disposition légale. Mais cela fait longtemps que les juges n'interprètent plus l'article 542 du code civil comme attribuant la propriété des communaux aux habitants des communes ou des sections de commune : le 20 janvier 1965, la première chambre civile de la Cour de cassation jugeait que les lois révolutionnaires des 28 août 1792 et 10 juin 1793 avaient créé une présomption générale de propriété au profit des communes sur les terres vaines et vagues. Quant aux sections de commune, elles sont, au titre de l'article L. 2411-1 I du code général des collectivités territoriales, des personnes morales de droit public, propriétaires des droits sectionaux. De cette personnification résulte une négation du caractère collectif des propriétés communale et sectionale. À telle enseigne que la loi du 27 mai 2013, dite de modernisation du régime des sections de commune, interdit aux membres de celles-ci de payer leurs impôts sectionaux, soit de contribuer aux charges de leur petite cité, et de se redistribuer librement les fruits de leurs biens communs, notamment, les revenus issus de l'affouage et des estives des forêts et pâtures sectionales.

Il faut se rappeler que la notion de communauté d'habitants est plus ancienne que celle de personne morale, et que les biens des communautés villageoises n'ont donc pas toujours été regardés comme appartenant à une personne morale. Pour édifier un droit des communautés d'habitants réunissant les communautés autochtones, locales et villageoises, notre premier geste pourrait, donc, être de nous défaire de l'habitude contractée au milieu du XIIIe siècle d'adosser les communautés d'habitants à des personnes morales. Deux solutions pourraient, alors, s'offrir à nous : la première serait de réputer les droits d'usage des communautés villageoises propriété des habitants d'un territoire, conformément à la lettre de l'article 542 du code civil[19]. La seconde serait de regarder ces droits comme la propriété de divers fonds ou bâtiments. En cette hypôthèse, jadis la plus fréquente, les jurisconsultes retenaient la qualification de servitude réelle, les communaux représentant les fonds servants des « maisons usagères »[20], fonds dominants (Merlin, 1827-1830, p. 682-683 ; Duranton, 1828, § 66 ; Thomas, 1870, p. 180, p. 218-219, p. 276 ; Tétu, 1900, p. 45 ; Lalaure, 1786, p. 9). Ainsi les communautés villageoises reposaient sur l'institution, non d'une personne morale, mais de relations entre des fonds de terre.

En plus de libérer les communautés du masque de la personnalité, cette seconde solution pourrait nous ouvrir à des collectifs non naturalistes. Car en reconnaissant des droits d'usage collectifs en des terres à un autre collectif de fonds de terre, nous pourrions implicitement reconnaître des droits à des communautés composées de non-humains, tout au moins de briques, ciments ou boues et d'autres entités : champignons, racines ou lombrics, constitutives des fonds de terre, bâtis ou non-bâtis. Qui plus est, ces communautés non humaines pourraient se découvrir au service d'autres communautés rassemblant pareillement des entités animales, végétales ou minérales, et composant les autres fonds de terre. Dans cette perspective, des communautés foncières, fonds dominants, auraient la propriété de droits en d'autres communautés foncières, fonds servants. Tandis que les premières pourraient exiger la réalisation de prestations de service auprès des secondes, celles-ci seraient tenues de les exécuter et responsables envers celles-là. Or, en admettant que des droits puissent appartenir à des communautés foncières non humaines, constituées de terreau, de limaces, d'herbes ou de pierres, nous serions prêts de constater l'existence de droits appartenant à des milieux de vie, mondes ou écosystèmes. Et en reconnaissant l'existence de relations entre communautés foncières, on se rapprocherait de la proposition faite par Philippe Descola de reconnaître l'existence juridique de lieux de vie et de les tenir pour responsables les uns envers les autres en partant du mouvement de personnification de la nature[21].

Les communautés de milieux personnifiés, des communautés à identifier

Avec le mouvement de personnification de la nature, les communs, tout au moins fonciers, pourraient se présenter tels des lieux de vie, milieux ou mondes singuliers abritant humains ou non-humains. À travers le monde, la personnification de la nature prend, bien sûr, diverses formes et il faut préciser que nous ne pensons pas tant à la personnification d'une grande nature abstraite (telle la Pachamama des États bolivien et équatorien), non plus à la personnification de certains êtres non humains (tels ces grands singes auxquels nous ressemblons, et que nous élevons de rang), mais à la personnification de milieux ou écosystèmes (tel, en Nouvelle-Zélande, le fleuve Wanganui). Dans ce dernier cas, en effet, la personnification ne se réduit pas à conférer des porte-paroles à une entité naturelle, mais elle consiste à reconnaître des droits à un monde commun à des êtres humains et non humains.

Le phénomène n'a pas manqué d'être souligné : le philosophe Ferhat Taylan fait expressément le lien entre l'attribution de la personnalité au fleuve et le mouvement des communs (Taylan, 2018 ; Taylan, 2019, p. 165-178). Selon lui, la loi intitulée Te Awa Tupua, littéralement « ensemble indivisible et vivant, englobant tous les éléments physiques et métaphysiques de la rivière », apporte plus que la protection d'une entité naturelle à travers l'attribution du statut de sujet de droit : elle institue une nouvelle forme juridique composée des êtres du fleuve et des Maoris qui l'habitent. Elle reconnaît l'existence d'un commun, et d'un commun non uniquement composé d'humains, mais réunissant indivisiblement humains et non-humains, naturels comme surnaturels. Le juriste François Ost considère aussi que « la clé du succès » de cette « avancée juridique » repose moins sur la qualification du fleuve en personne qu'elle ne réside « dans des pratiques collectives ». Et l'auteur de préciser : « dans la ligne des travaux actuels relatifs aux biens communs, ces pratiques révèlent que l'essentiel tient (…) au développement de modes communautaires de gestion de la ressource (…). Un engagement collectif en faveur de ce milieu (hommes-nature) qui dément la fable libérale classique », c'est-à-dire « la soi-disant "tragédie des communs" de Garett Hardin » (Ost, 2018). De même, Philippe Descola envisage que « la notion de "commun" au sens de la personnalité juridique d'un milieu de vie » puisse s'étendre partout : « la Loire et tous ses occupants humains et non humains, le fleuve Xingu du Brésil et ses occupants humains et non humains pourraient être vus non comme des biens communs de l'humanité, mais comme des lieux dont les occupants humains et non humains se possèdent réciproquement et qui sont eux-mêmes possédés par le milieu de vie qu'ils occupent »[22].

Or, le droit des servitudes — caractéristique d'une conception réicentriste — pourrait offrir un cadre pour rendre compte de ces situations : si la personnification de lieux de vie, tel un fleuve, une montagne ou un bassin versant, signifie la reconnaissance d'une multitude de relations entre des entités tant humaines que non humaines, alors les servitudes, qui ne sont autres que des relations entre des entités humaines ou non humaines, pourraient les concrétiser et leur constitution tisser la toile de ces mondes singuliers ou écosystèmes. En effet, nous l'avons dit, les servitudes peuvent être réelles : ce sont alors « des relations des choses entre elles », également nommées servitudes prédiales ou services fonciers (Conte, 2013). Mais il peut aussi s'agir de servitudes mixtes, soit de relations entre des choses et des personnes, appelées droits réels, comme de servitudes personnelles, soit de relations entre des personnes, appelées droits personnels. Aussi, les servitudes pourraient tisser la toile de ces lieux de vie ou milieux auxquels sont désormais reconnus la personnalité, et qui sont formés d'une multitude de relations entre choses, entre choses et personnes, et entre personnes.

Dans cette perspective, la personnification d'entités naturelles ne signifierait plus leur représentation ou l'attribution de porte-paroles, mais la reconnaissance de leurs droits d'habiter certains lieux. Être une personne, humaine ou non humaine, ne signifierait plus parler au nom de soi-même, d'un autre ou bénéficier d'un porte-parole, mais avoir la qualité d'habitant d'une chose comprise comme un lieu de vie, milieu ou écosystème. Dans cette vision, les humains à qui serait donnée la parole ne viendraient pas représenter, par exemple, la forêt, le marais ou le fleuve personnifiés, mais ils diraient cette forêt, ce marais ou ce fleuve dont ils seraient des habitants et dont ils participeraient. Prenons pour exemple le code de l'environnement de la province des îles Loyauté de Nouvelle-Calédonie : son article 110-3 relève que « le principe unitaire de vie qui signifie que l'homme appartient à l'environnement naturel qui l'entoure et conçoit son identité dans les éléments de cet environnement naturel constitue le principe fondateur de la société kanak » et prévoit qu'afin « de tenir compte de cette conception de la vie et de l'organisation sociale kanak, certains éléments de la nature pourront se voir reconnaître une personnalité juridique dotée de droits qui leur sont propres, sous réserve des dispositions législatives et réglementaires en vigueur » (David, 2017 ; Larrère, 2017 ; Hermitte, 2017). S'il n'est pas précisé que la parole reviendra à tel ou tel clan kanak pour articuler la plainte d'un élément de la nature en particulier, la personnification des éléments de la nature fait expressément écho à la manière kanak de vivre la condition humaine. Or, les Kanaks accueillent des êtres non humains dans leurs assemblées ou collectifs totémistes. Dès lors, en donnant la parole à des humains kanak au nom de certains éléments de la nature, on ne leur accorderait pas tant la possibilité de parler en lieu et place de ces derniers, mais la faculté de parler depuis leur groupe totémiste du lézard, de la tortue ou de l'igname. Au regard, par exemple, d'un élément du littoral personnifié, le pêcheur kanak ne représenterait pas ce dernier : en parlant, le pêcheur parlerait la langue même du littoral. Il s'exprimerait en tant qu'habitant plutôt qu'en tant que représentant d'un écosystème maritime et membre d'une communauté totémiste.

À la question récurrente de savoir quels humains ou groupes d'humains doivent être autorisés à parler au nom de la nature et de ses éléments, nous pourrions alors faire cette réponse : ce sont les humains membres de l'écosystème associé à l'entité personnifiée qui devraient avoir la parole en priorité sur les autres prétendants, en particulier, sur les associations de protection de l'environnement et la communauté scientifique, non habitantes du milieu considéré. En clair, ce sont des communautés d'habitants, notamment les communautés autochtones et locales, qui devraient être écoutées, au moins en premier. Autrement dit, ce sont les membres de collectifs indissociablement humains et non humains qui devraient d'abord être entendus pour — selon la terminologie officielle — parler au nom des non-humains. Parce que ces humains feraient, en réalité, entendre leur propre voix — celle de leur collectif non naturaliste —, la conception moderne de la personne comme d'une entité représentée ou représentante serait subvertie. Tout en disant parler au nom des éléments personnifiés de la nature, les humains ne feraient qu'exprimer le point de vue de leur propre clan, composé d'êtres humains et non humains. On pourra certes objecter que le droit néo-calédonien n'a pas vocation à s'appliquer sur le territoire métropolitain, mais la loi biodiversité du 8 août 2016, au champ d'application élargi, pourrait, elle aussi, comprendre un moyen de reconnaître des droits à des milieux ou écosystèmes, *via* la réparation du préjudice écologique pur.

Les communautés de milieux endommagés, des communautés en devenir

Longtemps l'article 1240 du code civil[23] a fait obstacle à la réparation des préjudices écologiques ne portant atteinte à aucun bien, ni à aucune personne physique ou morale, c'est-à-dire ne lésant aucun intérêt patrimonial ou extrapatrimonial humain. Par exemple, le préjudice subi par le cormoran, la sterne ou le fou de Bassan inhalant les effluves d'une nappe d'hydrocarbures ou englué dedans, ne pouvait être réparé sur ce fondement. Disposant que « tout fait quelconque de l'homme qui cause à *autrui* un dommage, oblige celui par la faute duquel il est arrivé à le réparer », l'article 1240 requiert l'existence d'un dommage causé par l'homme à l'un de ses *alter ego*, soit à une autre personne physique ou morale. Parce que la qualité de personne se trouvait refusée à la nature et à ses éléments — animaux, végétaux, minéraux —, le préjudice portant exclusivement atteinte à ces derniers ne donnait pas droit à réparation. À l'occasion, notamment, du procès Erika, né de la marée noire qu'entraîna en 1999 le naufrage du pétrolier éponyme au large des côtes de Saint-Nazaire, les juges du fond puis de la Cour de cassation ont néanmoins admis la réparation du préjudice écologique pur[24].

Dans la mesure où la réparation du dommage causé au seul environnement ou à ses éléments se trouve désormais admise, celui-ci pourrait être analysé telle une personne, nouvellement parue sous le ciel du droit, et au nom de laquelle d'autres personnes, notamment les associations de protection de l'environnement, viendraient d'obtenir l'autorisation de parler. Avec la loi du 8 août 2016, et l'insertion dans le livre III du code civil d'un titre IV *ter* intitulé *De la réparation du préjudice écologique*, la reconnaissance de la personnalité juridique de la nature pourrait être confirmée : le nouvel article 1246 du code civil masque certes la personne de l'environnement, qui dispose que « toute personne responsable d'un préjudice écologique est tenue de le réparer ». Mais si tout préjudice causé à la biodiversité, à la nature ou aux paysages oblige son responsable à le réparer, n'est-ce pas que la biodiversité, la nature et les paysages ont tacitement accédé au rang de personne ? De fait, la rédaction initiale de cette disposition, calquée sur l'article 1240 du code civil, substituait à autrui, le terme environnement et, ce faisant, les mettait sur le même plan[25].

Du reste, le mécanisme à l'œuvre en droit français s'avère rigoureusement analogue aux dispositifs équatorien et bolivien, lesquels reconnaissent expressément la personnalité juridique à la terre-mère : en chacun de ces cas, il s'agit de permettre à d'autres personnes, morales et/ou physiques, d'agir et de parler au nom de la terre-mère ou de l'environnement. Quand l'article 397 de la Constitution équatorienne garantit les droits fondamentaux de la nature en permettant « à toute personne physique ou morale, collectivité ou groupe humain, sans qu'il soit porté atteinte à son intérêt direct, d'exercer les actions en justice et de saisir toute instance administrative pour obtenir des mesures y compris préventives afin de faire cesser des menaces sur l'environnement (…) », le nouvel article 1248 du code civil ouvre l'action en réparation du préjudice écologique — plus timidement, mais selon le même procédé — « à toute personne ayant qualité et intérêt à agir, telle que l'État, l'Agence française pour la biodiversité, les collectivités territoriales et leurs groupements dont le territoire est concerné, ainsi que les établissements publics et les associations, agréées ou créées depuis au moins cinq ans à la date d'introduction de l'instance, qui ont pour objet la protection de la nature et la défense de l'environnement ». Dans un cas comme dans l'autre, la nature deviendrait un « sujet de jouissance » au nom duquel d'autres sujets de droit, les « sujets de disposition », seraient habilités à agir et parler (Demogue, 1909, 1911). En cette hypothèse, la catégorie des choses-objets de droit serait évidée au profit de la catégorie des personnes-sujets de droit, sans que le sens de la division des choses et des personnes soit modifié, les premières demeurant toujours opposées aux secondes. Important au plan pratique et procédural, le changement ne serait guère radical au plan des idées.

Mais si nous prenons au sérieux les propos des initiateurs des articles 1246 et suivants, le changement pourrait être plus fondamental, et accompagner le passage du subjectivisme juridique moderne à une nouvelle forme de réicentrisme. En effet, les défenseurs de la réparation du préjudice écologique pur n'appelaient pas à reconnaître la personnalité juridique de la nature, mais la responsabilité écologique objective (Neyret, 2006 ; Martin, 2019). Or, la responsabilité du fait du préjudice écologique peut être qualifiée d'objective parce que l'auteur dudit dommage peut voir sa responsabilité engagée quoiqu'il n'ait pas commis de faute[26], mais aussi parce que les victimes — la nature, la biodiversité, les paysages — ne sont ni des *alter ego* humains, ni des groupes d'*alter ego* humains, soit — dans une vision restrictive de la personne juridique — pas davantage des personnes physiques que des personnes morales, mais des choses. En accordant à l'environnement et à ses éléments, un droit à réparation, la nouvelle loi pourrait accorder des droits à certaines choses : au sol, à l'air, à l'eau, aux êtres vivants et à leurs fonctions écologiques. Dans la mesure où « la réparation du préjudice écologique s'effectue par priorité en nature » et, à défaut seulement, par équivalent monétaire, l'article 1246 du code civil pourrait même reconnaître un droit au soin aux choses de la nature.

Mieux, une décision du Tribunal judiciaire de Marseille montre que la réparation du préjudice écologique pourrait conduire à reconnaître des droits à des milieux dits naturels ou à des écosystèmes. En l'espèce, des chasseurs sous-marins avaient capturé en toute illégalité, notamment sur le territoire du parc national des Calanques et durant plusieurs années, des mérous, poulpes, oursins, corbs et loups. Reconnaissant à l'écosystème marin sa qualité de « victime », ainsi que son droit à réparation, la décision du 6 mars 2020 manifeste la volonté du juge d'affirmer l'existence juridique d'un lieu, soit l'institution d'un milieu naturel. En effet, le tribunal insiste sur le fait que le parc national des Calanques, en sollicitant la réparation d'un préjudice sur le fondement de l'article 1246, agit « au nom et pour le compte de l'entièreté de l'écosystème en cause ». N'exerçant pas une action en justice pour lui-même, mais pour un autre : l'écosystème, le parc national n'avait pas, selon le juge, l'obligation de limiter sa requête aux seules atteintes subies par celui-là dans son propre périmètre ; seules importaient les délimitations ou frontières de l'écosystème concerné. Aussi, le tribunal relève-t-il que le parc des Calanques a indûment réduit ses prétentions à son seul territoire quand il était investi de droits au nom du milieu naturel tout entier[27].

Dans la mesure où le juge se montre attentif aux relations de prédation existant entre les différentes espèces de la faune maritime pour l'évaluation du préjudice écologique, la décision atteste aussi que la réparation dudit préjudice pourrait signifier la reconnaissance de droits à des lieux habités par une communauté, au moins, de poissons et crustacés. Invitant à tenir compte des « solidarités à l'œuvre au sein d'un écosystème complexe », le jugement renvoie à la solidarité imposée entre les cœurs de parcs nationaux et leurs aires d'adhésion, au principe directeur de solidarité, mais fait aussi écho aux « solidarités matérielles » qui existaient entre les terres irriguées des communautés rurales (Ingold, 2017). Peut-être, alors, le jugement marseillais indique-t-il que la tradition civiliste pourrait réimposer de prêter attention aux terres — ici submergées — et de veiller au solidarisme écologique à l'œuvre entre leurs multiples habitants. Peut-être serait-on près de renouer avec la théorie de Moïse de Ravenne et l'idée selon laquelle des lieux de vie — tels un monastère, un temple, une cité et, désormais, un écosystème — peuvent être propriétaires de droits. En ce sens, relevons que la personne morale du parc national des Calanques est dite « en charge » de l'écosystème, ce qui rappelle la quête de stabilité de l'économie médiévale, *via* la bonne administration, gestion ou intendance des lieux.

Les communautés paysannes ou l'intendance humaine des lieux

Les humains membres de communautés accueillant humains comme non-humains en leur sein pourraient se présenter comme les administrateurs, gestionnaires ou mandataires des milieux ou écosystèmes dans lesquels ils vivent. Cette voie nous est simultanément ouverte par l'histoire du droit et l'anthropologie de la nature : à l'époque médiévale, écrit Emanuele Conte, l'être humain intervient à « titre d'administrateur chargé de la gestion d'une économie dont la stabilité » se trouve comme garantie « par l'absence de tout sujet propriétaire » (Conte, 2013, p. 84-85). Plutôt que de se proclamer maître et souverain de la nature, les humains pourraient endosser le rôle de « mandataires » d'écosystèmes ou de « milieux de vie singularisés », tel un bassin versant, un massif montagneux ou une bande littorale, avance pareillement Philippe Descola (2015, p. 21-22).

> Dans leur rôle de mandataire, les humains ne seraient plus la source du droit légitimant l'appropriation de la nature à laquelle ils se livrent ; ils seraient les représentants très diversifiés d'une multitude de natures dont ils seraient devenus juridiquement inséparables.

Dans cette perspective, représenter ne signifierait plus parler à la place d'un autre, mais parler depuis un monde partagé par soi et les autres, humains et non-humains, vivants et non-vivants, membres de telle ou telle communauté biotique d'habitants.

Une illustration de cette manière de concevoir le rôle des humains au sein de communautés non exclusivement humaines pourrait nous être fournie par le droit italien : dans les années 2000, les régions italiennes ont développé leurs propres lois pour la protection des variétés végétales et des races animales en danger d'extinction. En référence à l'article 8 J de la Convention sur la diversité biologique, ces lois présentent les ressources génétiques comme des héritages collectifs des communautés locales. Or, celles-ci apparaissent comme des communautés ouvertes aux non-humains et administrées par certains de leurs membres humains. En effet, ces lois rapportent les ressources génétiques aux communautés locales, attestant que les communautés paysannes peuvent être qualifiées de communautés locales au sens du droit international. Quoiqu'elles reprennent l'expression de ressources génétiques, ces lois obligent les agriculteurs à partager leurs connaissances sur les variétés conservées et sont, donc, loin de dissocier lesdites ressources des savoirs qui leur sont associés. Les textes ne séparent pas davantage les variétés, tout au moins, végétales des humains qui les cultivent, soit les non-humains des humains : parce que l'érosion de la biodiversité cultivée se trouve expressément rapportée au petit nombre d'agriculteurs intéressés à la culture des variétés non standardisées, l'on escompte que les humains-cultivateurs deviendront plus nombreux. Aussi, les encourage-t-on à conserver les variétés menacées en les autorisant à s'échanger des semences à titre gratuit.

Surtout, les lois régionales italiennes, puis la loi nationale du 1er décembre 2015 pour la garde et la valorisation de la biodiversité d'intérêt agricole et alimentaire, ont explicitement créé un statut d'agriculteur-gardien, intendant ou administrateur (Bertacchini, 2009). En reconnaissant à certains humains, le statut de *steward farmers* ou de *coltivatori custodi* (décliné dans le domaine de l'élevage sous l'appellation d'*allevatori custodi*), les lois italiennes pourraient, dès lors, exaucer ce vœu de voir des milieux habités, en l'occurrence des milieux agraires, dotés d'humains-mandataires, qui ne seraient pas appelés à parler à la place de plantes-objets ou d'animaux-machines, mais à rendre compte des relations avec des êtres-plantes, minéraux ou animaux.

Encore faut-il préciser ce que recouvre la notion de gérance, d'intendance ou de *stewardship* de la nature. Selon certains, la notion a clairement une origine théologique et, plus précisément, judéo-chrétienne : le mot *stewardship* viendrait de *sty-ward* et signifierait gardien de porcherie. Il s'agirait d'un « équivalent pastoral de la métaphore horticole de la garde du jardin d'Éden » (Millet, 2015, p. 485). En ce cas, la création d'un statut d'agriculteur-gardien reconduirait la séparation entre humains et non-humains. Car si la notion d'intendance prend vis-à-vis de la nature « une connotation de tutelle juridique vis-à-vis d'un "mineur" incapable de se défendre seul » (*ibid.*, p. 187-189), l'agriculteur-administrateur vient représenter une terre qui lui demeure extérieure. Et si l'on en revient au scénario selon lequel Dieu, propriétaire du monde, aurait conféré à l'humain le rôle de tenancier de la nature, celui-ci se trouve séparé du reste de la Création. En définitive, la communauté demeurerait exclusivement humaine, et on ne s'éloignerait guère de la solution de la personnification au sens d'une représentation des fonds de terre.

Revenant sur les diverses lectures de la Genèse et soulignant ses racines mésopotamiennes, certains considèrent néanmoins que la notion de *stewardship* désigne une gestion responsable, au service de la terre, et n'est pas nécessairement anthropocentrique : s'il est vrai que la lecture despotique de la Genèse confère à l'homme une position dominante à l'égard du reste de la Création, l'interprétation de l'intendance réhabiliterait la valeur intrinsèque de chaque entité naturelle non humaine, puis investirait l'humain d'un rôle de gestionnaire de la nature avec bienveillance, humilité et sollicitude, quand l'interprétation laïque, dite de la citoyenneté, considérerait l'humain tel un membre et citoyen à part entière de la nature, à l'égal des autres choses de la nature (*ibid.*, p. 171-175, p. 393). Dans ces deux dernières hypothèses, la notion de *stewardship* serait compatible avec l'idée selon laquelle des agriculteurs-compagnons d'êtres-plantes, minéraux ou animaux gèrent, gardent ou administrent des milieux ou communautés agraires. On se rapprocherait de la vision des plantes véhiculée au sein des collectifs dédiés aux Semences paysannes : « pleinement accepté, comme une fin et non comme un simple moyen, comme un partenaire avec ses qualités et ses contraintes et non comme un objet manipulable à l'envi », l'épi de blé serait un compagnon, un ami, soit un pair ou un communier (Demeulenaere et Bonneuil, 2011, p. 208-209).

On pourrait néanmoins s'interroger sur l'activité d'agriculteur-gardien : *a priori* garder une chose consiste à la conserver ou maintenir en l'état. Il s'agit, pour le gardien, d'adopter un comportement essentiellement passif, visant à éviter que la chose intéressée ne soit modifiée. Il reste que le dépositaire d'un fonds de terre n'est pas celui — aubergiste ou hôtelier — d'effets mobiliers, et que la garde de la terre ne saurait s'entendre de manière aussi statique. Pour conserver des variétés végétales, l'agriculteur-gardien doit les sur-veiller au sens où il doit veiller sur elles, les cultiver et en prendre soin (Millet, 2015, p. 171-175, p. 192). Aussi, la notion de gardiennage peut-elle être rapprochée de celle de jardinage, et l'expression *coltivatori custodi* être traduite par les termes de *farmers gardeners* en anglais, d'agriculteurs-jardiniers en français. Au final, le statut d'agriculteur-gardien ne traduirait pas nécessairement une vision conservatrice de la biodiversité. Il ne serait pas inévitablement antinomique de l'expérimentation et du travail de sélection pour l'obtention de nouvelles variétés, soit de ce que l'on nomme la conservation dynamique de l'agro-biodiversité.

C'est ce que confirme la lecture des lois italiennes et, en particulier, celle de la loi de Toscane (la plus ancienne des autres lois régionales et leur inspiratrice) qui adopte une définition large et dynamique des variétés autochtones à conserver. Sont, en effet, visées les variétés originaires du territoire régional, mais aussi celles qui, bien que non originaires du territoire régional, y ont vécu pendant longtemps — à titre indicatif plus de cinquante ans, ainsi que celles qui, originaires du territoire régional, n'y sont plus présentes, mais sont conservées ailleurs. Commentant les lois régionales italiennes, un auteur relève d'ailleurs que « c'est en observant les variétés qui se sont adaptées avec le temps, que l'idée est venue que le concept de ressources génétiques autochtones ne devait pas devenir rigide, mais rester adaptable et "élastique" aux évolutions des modes d'exploitation locaux » (Bertacchini, 2009).

D'autres exemples pourraient encore être donnés de communautés contemporaines qui souhaitent échapper à une manière moderne ou naturaliste de vivre leur condition et entendent s'ouvrir à d'autres êtres que les humains. Nous pensons, en particulier, aux habitants des ZAD.

Les communautés zadistes ou le retour des établissements de mainmortes

Les habitants humains des zones à défendre se présentent dans des termes faisant écho aux communautés autochtones et locales. Sur ces zones occupées, certains slogans lancés : « Nous ne défendons pas la nature, nous sommes la nature qui se défend », laissent entendre que leurs habitants humains ne se perçoivent pas comme des porte-paroles d'une nature extérieure à eux, mais comme des entités participantes et constitutives des milieux, des écosystèmes ou des mondes singuliers dans lesquels ils vivent. En refusant le mode industriel de vie et en expérimentant d'autres styles, potentiellement propices à la biodiversité, les habitants des zones à défendre s'apparentent aux communautés autochtones et locales au sens de la Convention sur la diversité biologique. Sur la zone de Notre-Dame-des-Landes, la possibilité a été étudiée de créer une ou des sections de commune et de se modeler sur les communautés villageoises du Massif central. Mais parce que la loi du 27 mai 2013 dite de modernisation des sections de commune, qui vise à les faire disparaître progressivement, interdit d'en constituer de nouvelles, cette voie a été abandonnée au profit d'autres solutions et, notamment, de la création d'un fonds de dotation.

Cette option de créer un fonds de dotation pour le rachat de plusieurs fonds de terre situés sur la zone de Notre-Dame-des-Landes consiste à se saisir d'une opportunité offerte par la loi du 4 août 2008 de modernisation de l'économie : issus de l'allocation irrévocable de biens pour la réalisation d'une mission ou d'une œuvre d'intérêt général, les fonds de dotation peuvent être aisément constitués. Car à la différence des fondations, créées par décret en Conseil d'État, ils naissent de la déclaration de volonté de leurs fondateurs en préfecture. L'idée d'instituer un fonds de dotation *La terre en commun* pour l'acquisition de certaines terres bâties, sises sur le bocage nantais, est néanmoins critiquée par une partie des intéressés : dans la mesure où les fonds de dotation ont la personnalité juridique, leur constitution suppose que l'on accepte de coiffer la communauté du masque de la personnalité morale, partant, que l'on renonce formellement à la propriété collective pour une propriété individuelle. En effet, seule la personne morale du fonds de dotation serait réputée propriétaire individuel des terres lui étant allouées. En utilisant le droit des sociétés et, donc, les instruments d'un droit essentiellement tourné vers l'économie marchande, la communauté zadiste accepterait de jouer le jeu du pouvoir en place ; elle abdiquerait devant l'État. Sans revenir sur ces critiques, il est permis de se demander si les fonds de dotation ne pourraient pas être réinterprétés dans les termes d'un système juridique tourné vers la stabilité des situations plutôt que vers la libre circulation des biens, et au sein duquel les humains apparaîtraient davantage tels des intendants des lieux que comme des maîtres et souverains.

Parce que les fonds de dotation sont des succédanés des fondations, un retour sur l'histoire des secondes permet de faire la lumière sur les premières : les fondations auraient existé dès la Grèce antique sous la forme d'affectations de biens à des œuvres durables. Ainsi Théophraste et Épicure léguèrent leurs jardins « à charge pour leurs héritiers et leurs descendants d'y accueillir les disciples de leur école et de leur en laisser la jouissance » (Debbasch et Langeron, 1992, p. 8). Et l'on trouve « d'assez nombreuses inscriptions grecques qui témoignent de l'affectation durable, voire perpétuelle, de certains biens à la réalisation d'un objet d'intérêt général » (Mestre, 1987, p. 11 ; Lapradelle, 1895, p. 11-15). En créant un fonds de dotation, peut-être alors, la communauté zadiste affecterait-elle le bocage nantais à la perpétuation d'un mode libertaire et écologique de vie, de même que les philosophes grecs avaient jadis affecté leurs jardins au déploiement de leur pensée. Quoi qu'il en soit, les fondations continuèrent d'exister à Rome, où elles furent, notamment, envisagées comme des ensembles de biens affectés à une œuvre commune (*universitates rerum*). Ainsi des temples, des hospices ou des écoles (Debbasch et Langeron, 1992, p. 10).

Aujourd'hui, les fondations continuent parfois d'être envisagées comme des groupements de biens ou des masses de biens (Amblard, 2015, p. 26-27 ; Chavanne, 1987, p. 34), autrement dit, sans recourir d'emblée à la notion de personne morale. De fait, c'est seulement à partir du XIIIe siècle, donc après que la théorie de Moïse de Ravenne (accordant des droits aux choses) fut abandonnée, que l'on reconnut aux fondations la personnalité juridique (Debbasch et Langeron, 1992, p. 10). Cela signifie que nous pourrions aujourd'hui comprendre les fonds de dotation, abstraction faite de leur personnalité, et les regarder comme des associations ou des rassemblements de choses, soit à travers le prisme du réicentrisme plutôt qu'à travers celui du subjectivisme.

Quoique séculaires, les fondations furent difficilement admises, et ce, au moins, depuis le droit romain : conformément à la tradition romaine, une décrétale maintint, durant la période médiévale, la nécessité d'une autorisation préalable habituellement donnée par l'évêque du lieu. Puis l'autonomie des fondations fut limitée par leur contrôle et imposition jusqu'au XIIIe siècle (*ibid.*, p. 16-17). Au milieu du XVIe, le pouvoir royal confia à ses juges la surveillance des fondations de maladreries et léproseries (Amblard, 2015, p. 28). Au début du XVIIe siècle, un édit subordonna la capacité des fondations de recevoir des dons et legs à une autorisation royale[28]. Et, en 1749, un édit du chancelier d'Aguesseau interdit les dispositions testamentaires au profit des fondations, sauf à obtenir la permission expresse du roi (Debbasch et Langeron, 1992, p. 18). Surtout, les fondations furent pour ainsi dire supprimées à la Révolution : un décret de 1790 inclut leurs biens parmi les biens ecclésiastiques mis à la disposition de la nation[29], ce qui fut confirmé l'année suivante par un autre décret mettant à disposition de la nation les « biens dépendant des fondations faites en faveur d'ordres, de corps et de corporations qui n'existent plus dans la Constitution française »[30] (Mestre, 1987, p. 20). Lors de l'avènement du Consulat, il n'aurait donc pas dû subsister de fondations. Mais reprenant l'édit du chancelier d'Aguesseau, l'État imposa, en 1803, une autorisation et, donc, une surveillance — mais non une prohibition — des fondations (Fromageau, 1999, p. 9-10).

Au cours du XIXe siècle, les fondations purent donc réapparaître au fil de décisions de justice qui s'appuyèrent sur une disposition du code civil et un avis du Conseil d'État. D'une part, l'article 910 du code de 1804 autorisait les particuliers à faire des dons ou disposer par testament au profit des hospices, des pauvres d'une commune ou d'établissements d'utilité publique, à condition d'obtenir une autorisation par décret. D'autre part, un avis du Conseil d'État du 24 décembre 1805[31] estimait que tous les établissements de charité et de bienfaisance dirigés par des sociétés libres, et qui rassemblaient, sous divers noms, dans un bâtiment, des femmes en couches, des malades ne devaient plus être tolérés sans être régularisés et surveillés. En conséquent, le ministre de l'Intérieur devait mettre le gouvernement à même de décider quels étaient ceux qu'il convenait de supprimer, ceux que l'on pouvait à l'inverse conserver, et quels moyens il convenait de prendre pour la régularisation et l'administration de ces derniers. L'article 910 du code civil, pas plus que l'avis du Conseil d'État, n'envisageaient la possibilité de créer des établissements nouveaux (Mestre, 1987, p. 22) et le mot fondation demeurait absent des textes. C'est pourtant sur le fondement de ces derniers que renaquirent les fondations, et ce, bien avant que le législateur ne les définisse, dans une loi du 23 juillet 1987 relative au développement du mécénat, comme des actes par lesquels « une ou plusieurs personnes physiques ou morales décident l'affectation irrévocable de biens, droits ou ressources à la réalisation d'une œuvre d'intérêt général et à but non lucratif » (Debbasch et Langeron, 1992, p. 19-21).

L'histoire des fondations pose donc la question de leur difficile admission : pourquoi ont-elles été si longtemps considérées avec suspicion ? La réponse pourrait directement intéresser ces succédanés des fondations : les fonds de dotation. Car la méfiance du pouvoir politique à l'égard des fondations se trouve expliquée par la forme de contre-pouvoir qu'elles représentent à l'égard de l'ordre établi : « L'intérêt de l'œuvre accomplie, la qualité des administrateurs, une vague de sympathie » ont pu enrichir le patrimoine des fondations « au point de susciter des jalousies et des inquiétudes ». On s'inquiétait du risque de « voir éclore de nouveaux foyers de pouvoir » (*ibid.*, p. 16-18). Dès lors qu'il voulait développer son emprise et garder le contrôle des actions d'intérêt général, l'État ne pouvait que réduire le domaine des fondations qui, elles aussi, réalisaient des œuvres d'intérêt général, et étaient même susceptibles de dégager de nouveaux sens de l'intérêt général. Aujourd'hui, les fonds de dotation créés par des communautés libertaires pourraient à leur tour emporter la sympathie des citoyens, constituer de nouveaux foyers de contre-pouvoirs, et réaliser des œuvres d'un intérêt général autrement compris : la préservation de milieux naturels plutôt que le développement d'activités industrielles. Comme certaines fondations qui bénéficièrent régulièrement de dons et legs et s'enrichirent constamment (Amblard, 2015, p. 28), ces fonds de dotation pourraient devenir — qui sait ? — opulents.

C'est l'occasion d'observer que le refus de reconnaître des formes de propriété collective sur la zone de Notre-Dame-des-Landes s'explique, sans doute, moins par la difficulté qu'aurait l'administration à concevoir celles-ci que par la crainte de l'État de voir émerger en son sein des collectifs ou communautés autonomes, à l'instar des collèges, maisons religieuses, hôpitaux ou chapelles d'antan. En d'autres termes, le problème tient certainement moins à l'ignorance que nous aurions des usages collectifs des terres qu'au danger que recèlerait l'inscription de lieux propriétaires sur le territoire même de la nation française.

La réticence de l'autorité publique à l'égard des fondations pourrait encore et surtout s'expliquer par la « vieille crainte de la mainmorte » (Debbasch, 1987, p. 25-26 ; Debbasch et Langeron, 1992, p. 16-17). En effet, les biens remis aux fondations — « les terres de rapport aussi bien que les bâtiments de l'église, de l'hôpital, de l'abbaye, du collège » (Mestre, 1987, p. 14-15) — devenaient des biens de main morte, c'est-à-dire qu'ils ne pouvaient plus être cédés de main vive et se trouvaient inaliénables. Affectés à perpétuité à la fondation, « dont les administrateurs n'avaient pas le pouvoir d'aliénation, les biens sortaient du commerce juridique » ; soumises au régime de la mainmorte, les fondations entraînaient « l'immobilisation économique » de biens (*ibid.*, p. 14-18). De ce point de vue, la création du fonds de dotation *La terre en commun* ne signifie pas l'entrée dans l'économie marchande. Car les fondations, dont dérivent les fonds de dotation, permettent précisément de soustraire des biens au libre-échange en les rendant indisponibles. En créant des fonds de dotation, les communautés libertaires pourraient donc renouer avec un droit orienté vers la stabilité des situations. Un auteur le confirme, qui précise que l'État se méfiait de la mainmorte parce qu'elle pouvait favoriser « des accumulations considérables de biens » et, surtout, faire « échapper des masses de biens au commerce juridique privé » (Debbasch, 1987, p. 25-26). Réitération des établissements de mainmorte, les fonds de dotations pourraient donc dessiner une voie permettant d'échapper à l'emprise de l'État, conformément aux visées des communautés libertaires (en ce sens, Colas Amblard, 2015, p. 28).

Le plus saisissant est que les critiques adressées aux établissements de mainmorte rejoignent les attaques faites aux communaux et sectionaux : faisant suite aux édits de 1629 et 1659 subordonnant la capacité des fondations de recevoir des dons et legs à une autorisation royale, l'édit de décembre 1666 dénonce, dans son préambule, « la multiplication du nombre des établissements de mainmorte, dont font partie, depuis le Moyen Âge, (…) les fondations, ainsi que l'augmentation de leur patrimoine immobilier » (Mestre, 1987, p. 17). C'est que leurs patrimoines incluent « de vastes domaines fonciers, dont les rendements apparaissent médiocres à un moment où s'exerce l'influence des agronomes anglais et où les physiocrates voient dans la terre la source essentielle des richesses » (*ibid.*, p. 17), c'est-à-dire à l'époque même où les communaux sont déclarés improductifs, les mérites de la propriété individuelle, vantés, et où se déroule le mouvement d'enclosure foncière, notamment en Angleterre. Déclarée « contraire au bien commun de la société » par Louis XV en 1737, et fustigée par Turgot dans la Grande Encyclopédie (*ibid.*, p. 18), l'immobilisation économique des biens de mainmorte n'était pas appelée à perdurer. Aussi, le pouvoir royal se donna-t-il « les moyens de contrôler strictement un éventuel accroissement du patrimoine des fondations — comme [il le fit] de l'ensemble des corps et communautés, même des communautés d'habitants, les ancêtres de nos actuelles communes » (Mestre, 1987, p. 18-19).

Au final, la création de fonds de dotation pourrait être un moyen de rendre des terres indisponibles, potentiellement à perpétuité, à l'instar des terres imprescriptibles des sectionaux. Entre la solution de créer une section de commune, envisagée dans un premier temps par la communauté de Notre-Dame-des-Landes, et celle de créer un fonds de dotation, peut-être, au fond, n'y aurait-il pas si grande différence.

Conclusion

Ainsi le droit en vigueur apparaît regorger de dispositifs susceptibles d'être appréhendés autrement qu'au travers des catégories de sujet et d'objet de droit. Il nous est loisible de le regarder comme conférant des droits aux choses autant qu'aux personnes que celles-ci et celles-là soient humaines, minérales, animales ou végétales. En réalité, il ne tiendrait qu'à nous de tenir un discours qui reconnaisse des droits aux choses de la nature, et qui permette l'advenue d'un droit profondément écologique. Tel est tout au moins ce que j'espère avoir montré. Encore voudrais-je préciser que la vision des communs comme des milieux, écosystèmes ou mondes singuliers habités par des communautés d'êtres humains ou non humains ne permettrait pas seulement de dessiner un système de droit réicentré et topologique, et de nous rapprocher des collectifs non naturalistes, en anthropologie de la nature. Du point de vue de l'éthique environnementale, l'on s'inscrirait dans le courant de l'écocentrisme, lequel ne reconnaît pas seulement une valeur intrinsèque aux humains (anthropocentrisme), ni même, plus généralement, aux êtres souffrants (pathocentrisme), ni même encore aux êtres vivants (biocentrisme), mais également aux ensembles des écosystèmes. En reconnaissant l'existence juridique de milieux bocageux, montagneux, forestiers ou fluviaux, nous rejoindrions la *Land ethic* ou *Éthique de la terre* d'Aldo Leopold, puis de John Baird Callicott.

Faisant sienne cette approche holiste, le juriste se préoccuperait d'abord des rapports d'interdépendance caractérisant l'ensemble des membres de telle ou telle communauté biotique. Le problème ne consisterait plus, comme dans l'optique occidentale moderne, à rechercher l'autonomie au sens d'une déliaison de toute la communauté biotique : il s'agirait désormais d'être autonome au sens d'être « relié à de multiples éléments de la communauté biotique, c'est-à-dire de manière plurielle, résiliente, viable, de manière à ne pas dépendre absolument de l'instabilité du milieu » (Morizot, 2020, p. 273). Et c'est à la traduction juridique de ces liens ou relations que nous devrions travailler. Précisons que l'expression communauté biotique ne s'entendrait pas nécessairement d'une seule communauté d'êtres vivants, mais comprendrait possiblement des éléments tels l'air, l'eau, le feu ou des minéraux. De fait, le juriste civiliste ne serait pas entièrement démuni pour prendre en compte la pierre sur laquelle on trébuche dès lors qu'il pourrait puiser dans les servitudes prédiales, ce droit des fonds de terre en d'autres fonds, bâtis ou non bâtis.

Réi- comme éco-centré, ce droit des milieux-communs pourrait encore être qualifié de communaliste au sens de la politique écologique. Car si dans cette nouvelle configuration, les milieux et leurs occupants, humains et non-humains, devenaient « responsables de la santé de ce milieu de vie, et donc de la leur, (…) devant d'autres communs constitués de la même manière »[32], sans doute serions-nous près de vivre dans un monde de communautés autonomes, mais confédérées, et qui assureraient la gestion à petite échelle des affaires publiques. Encore faut-il préciser qu'un droit des communautés biotiques ne serait pas un droit communaliste au sens exact de l'écologie sociale ou du municipalisme libertaire (Bookchin, 2003 ; Bookchin, 2014, p. 33-36 ; Federeau, 2017, p. 101-103). Car profondément hostile à la *deep ecology*, Murray Bookchin aurait sans doute refusé l'idée d'ouvrir les communes ou les milieux-communs à d'autres êtres que les humains. Sous cette réserve, l'utopie communaliste pourrait rejoindre celle de communs dédiés à des communautés biotiques, soit à des communautés d'habitants, humains ou non-humains, vivants ou non-vivants.

Références bibliographiques

Amblard C., 2015. *Fonds de dotation. Une révolution dans le monde des institutions sans but lucratif*. Paris, Lamy.

Ambroise C. et Capitant H., 1931. *Cours élémentaire de droit civil français*, tome 3. Paris, Dalloz.

Astruc M., 1841. *Traité des servitudes réelles*. Montauban, J. Renous et Cie.

Atias C., 2014. *Droit civil. Les biens*, 12e édition. Paris, LexisNexis.

Aubry C. et Rau C., 1897-1902. *Cours de droit civil français d'après la méthode de Zachariae*, tome 3. Paris, Marchal et Billard.

Barbedor E.L.M., 1876. *De l'acquisition des fruits en droit romain et en droit français*. Rennes, Oberthur et Fils.

Baudry-Lacantinerie G. et Chauveau M., 1896. *Traité théorique et pratique de droit civil. Des biens*. Paris, L. Larose.

Baudry-Lacantinerie G. et Loynes P. de, 1895. *Traité théorique et pratique. Droit civil. Du nantissement. Des privilèges et hypothèques et de l'expropriation forcée*. Tome 1er. Paris, L. Larose.

Bergel J.-L., 2013. Un propriétaire peut consentir un droit réel de jouissance spéciale de son bien pour plus de trente ans. *Revue de droit immobilier*, 80.

Bertacchini E., 2009. *Législation régionale en Italie pour la protection des variétés locales*, traduction d'A.-C. Moy, <https://www.academia.edu/13028693/Législation_régionale_en_ Italie_pour_la_protection_des_variétés_locales > (consulté le 07 janvier 2020).

Besson F., Guéna P., Kikychi C. et Marin A., 2019. *Actuel Moyen Âge II*. Paris, Arkhê.

Bétaille J., 2019. Rights of Nature: Why it Might Not Save the Entire World. *Journal for european environmental and planning law*, 16, 35-64.

Bookchin M., 2003. *Pour un municipalisme libertaire*. Lyon, Atelier de création libertaire, 2003.

Bookchin B., 2014. *Pour une écologie sociale et radicale, Le passager clandestin*, Les précurseurs de la décroissance, présenté par Vincent Gerber et Floréal Romero.

Bosc Y. (dir.), 2019. Grande et petite communautés : les biens communs, le droit à l'existence et la république. Communication au colloque *Républicanisme et communs. Quelle république à l'âge des communs ?*

Bressan T., 2007. *Serfs et mainmortables en France au xviiie siècle. La fin d'un archaïsme seigneurial*. Paris, L'Harmattan.

Brindejonc C., 1855. *Thèse pour la licence. Droit français. Code Napoléon. Du nantissement*. Paris, Vincent Forest.

Cabanes V., 2016. *Un nouveau droit pour la Terre. Pour en finir avec l'écocide*. Paris, Seuil.

Callicott J.B., 2010. *Éthique de la terre*, traduit par Catherine et Raphaël Larrère *et al.*, Paris, Wildproject.

Camproux Duffrène M.-P., 2008. Le marché d'unités de biodiversité, questions de principe. *Revue juridique de l'environnement*, n° spécial, Biodiversité et évolution du droit de la protection de la nature, 87-93.

Camproux Duffrène M.-P., 2009. La création d'un marché d'unités de biodiversité est-elle possible ? *Revue juridique de l'environnement*, 1, 69-79.

Camproux Duffrène M.-P., 2013. Essai de dialectique sur une responsabilité civile en cas d'atteinte à l'environnement. In : *Pour un droit économique de l'environnement. Mélanges en l'honneur de G.J. Martin*. Paris, éditions Frison-Roche.

Carbonnier J., 1978. *Les biens*. 9e édition. Paris, PUF, Thémis droit.

Carbonnier J., 2001. Métaphysique du droit, Les choses inanimées ont-elles donc une âme ? In : *Flexible droit*. 10e édition. Paris, LGDJ, p. 362 et s.

Charpin D., 2017. *La vie méconnue des temples mésopotamiens*. Paris, Collège de France, Les Belles lettres.

Chavanne J.-N., 1987. L'approche du ministère de l'Intérieur. In : Debbasch C. (dir.). *Les fondations, un mécénat pour notre temps ?* Aix-en-Provence, PUAM.

Chevallier J.-B., 1873. *Du cautionnement conventionnel d'après le droit romain, l'ancien droit français, le Code civil, le Code de commerce*. Paris, H. Plon.

Chevassus-au-Louis B. (dir.), 2009. *Approche économique de la biodiversité et des services liés aux écosystèmes. Contribution à la décision publique*. Paris, Centre d'analyse stratégique. Documentation française, « Rapports et documents », avril, <http://www.ladocumentationfrancaise.fr/var/storage/rapports-publics/ 094000203.pdf > (consulté le 08 janvier 2020).

Chouquer G., 2008. Les transformations récentes de la centuriation. Une autre lecture de l'arpentage romain. *Annales. Histoire, Sciences sociales,* 4, 847-874.

Chouquer G., 2018. Communication du 28 novembre 2018 à Paris. Journée d'études sur les Communs de l'eau, organisée par Julie Trottier. Paris, Agence française pour le développement.

Conte E., 2009. *Diritto comune. Storia e storiografia di un sistema dinamico,* Bologne.

Conte E., 2013. Affectation, gestion, propriété. La construction des choses en droit médiéval. In : *Aux origines des cultures juridiques européennes. Yan Thomas entre droit et sciences sociales.* Études réunies par Paolo Napoli. Rome, École française de Rome, p. 73-86.

Conte E., 2016. *La fuerza del texto. Casuistica y categorias del derecho medieval.* Madrid, Ed. de Marta Madero.

Coriat B., 2015. *Le retour des communs. La crise de l'idéologie propriétaire.* Paris, Les liens qui libèrent.

Coriat B., 2013. Le retour des communs. Sources et origines d'un programme de recherche. *Revue de la régulation,* 2e semestre, automne.

Cortese E., 1999. Per la storia di une teoria dell'archivescovo Mosé di Ravenna (m. 1154) sulla proprietà ecclesiastica. In : *Scritti, a cura di Italo Birocchi e Ugo Petronio.* Spoleto (Italie), Centrol italiano di studi sull'alto medioevo.

Dagorne-Labbe Y., 2007. Rentes. *Encyclopédie juridique Dalloz : répertoire de droit civil.*

David V., 2012. La lente consécration de la nature, sujet de droit. Le monde est-il enfin Stone ? *Revue juridique de l'environnement,* 483.

David V., 2017. La nouvelle vague des droits de la nature. La personnalité juridique reconnue aux fleuves Whanganui, Gange et Yamuna. *Revue juridique de l'environnement,* 3(42), 409-424.

Debbasch C., 1987. Le cadre juridique des fondations. In : Debbasch C. (dir.). *Les fondations, un mécénat pour notre temps ?* Aix-en-Provence, PUAM, 25-26.

Debbasch C. et Langeron P., 1992. *Les fondations.* Paris, PUF.

Demeulenaere É., Bonneuil C., 2011. Des Semences en partage : construction sociale et identitaire d'un collectif « paysan » autour de pratiques semencières alternatives. In : *Techniques et culture.* Paris, Éditions de la Maison des sciences de l'homme, 57 (2), 202-221.

Demeulenaere É., 2018. 'Free our seeds' Strategies of farmers' movements to reappropriate seeds. In : Girard F. et Frison C. (dir.). *The* commons, *Plant Breeding and Agricultural Research. Challenges for food security and agrobiodiversity.* Londres, Routledge.

Demogue R., 1909. La notion de sujet de droit. Caractères et conséquences. *Revue trimestrielle de droit civil*, 611-655.

Demogue R., 2000. *Les notions fondamentales du droit privé. Essai critique pour servir d'introduction à l'étude des obligations.* Paris, éd. La mémoire du Droit (1re édition 1911).

Demolombe C., 1854. *Cours de Code Napoléon,* tome 9. Paris, Auguste Durand.

Demolombe C., 1867. *Traité des servitudes ou services fonciers.* 4e édition, tome 11. Paris, Durand/Hachette et cie.

Denizot A., 2016. Obligation réelle environnementale ou droit réel de conservation environnementale ? Brève comparaison franco-chilienne de deux lois estivales. *Revue trimestrielle de droit civil*, 4, 949.

Descola P., 2005. *Par-delà nature et culture.* Paris, Gallimard.

Descola P., 2015. Humain, trop humain. *Esprit*, 12, 8-22.

Dictionnaire de l'académie française, <https://academie.atilf.fr/9/ > (consulté le 14 janvier 2020).

Direction départementale de l'agriculture de l'Ardèche, 1983. *Les terrains collectifs sur les hauts plateaux ardéchois (propriétés de l'État, des communes et des sections de communes).*

Doussan I., 2015. Compensation écologique : le droit des biens au service de la création de valeurs écologiques et après ? In : Vanuxem S. et Guibet Lafaye C. (dir.). *Repenser la propriété, un essai de politique écologique.* Aix-en-Provence, PUAM, p. 99-113.

Dross W., 2017. *Droit des biens*, 3e édition, LGDJ.

Dross W., 2017. L'originalité de l'obligation réelle environnementale en droit des biens. Communication au colloque *La protection de la biodiversité au carrefour des droits public et privé de l'environnement.* Billet P., Boutonnet-Hautereau M. (dir.), 2 février, Lyon.

Dubarry J. et Julienne M., 2013. *Revue Lamy Droit Civil*, 101, 7.

Duranton A., 1828. *Cours de droit français suivant le code civil.* Tome V, 2e éd. Paris, Alex-Gobelet.

Durkheim É., 1950. *Leçons de sociologie. Physique des mœurs et du droit.* Paris, PUF.

Esmein A., 1883. *Études sur les contrats dans le très ancien droit français.* Paris, Éd. L. Larose et Forcel.

Federau A., 2017. Bookchin, Murray, in *Dictionnaire de la pensée écologique.* Paris, PUF.

Filoche G., Davy D., Guignier A., Armanville F., 2017. La construction de l'État français en Guyane à l'épreuve de la mobilité des peuples amérindiens. *Critique internationale*, 2(75), 71-88.

Foix C., 2008. *Droit des servitudes*. Paris, Ellipses.

Foucault M., 2002. *Les mots et les choses*. Paris, Gallimard (1re édition 1966).

Fournier A., 2007. Hypothèque conventionnelle. *Répertoire de droit immobilier*, avril.

Fromageau J., 1999. Rapport introductif. In : *Fondation et trust dans la protection du patrimoine en droit français et droit comparé*. Cornu M. et Fromageau J. (dir.). Paris, L'Harmattan.

Fromageau J., 2015. La rémanence des usages et coutumes dans les zones humides. In : *Repenser la propriété, un essai de politique écologique*. Vanuxem S. et Guibet-Lafaye C. (dir.). Aix-en-Provence, PUAM.

Galliard F.-L., 1856. *Acte public pour la licence*, Hachette livre BNF (2016).

Gaudemar H. de, 2009. Les quotas d'émissions de gaz à effet de serre. *Revue française de droit administratif*, 25.

Gauthier F., 2019. État ou société politique ? Ré-privée des riches ou ré-publique par et pour le peuple. Communication au colloque *Républicanisme et communs. Quelle république à l'âge des communs ?* Bosc Y. (dir.).

Génestal R., 1901. *Rôle des monastères comme établissements de crédit étudié en Normandie du XIe à la fin du XIIIe siècle*. Paris, A. Rousseau.

Glasson E., 1887-1903. *Histoire du droit et des institutions de la France*. Tome 7. Paris, F. Pichon.

Graeber D., 2013. *Dette. 5000 ans d'histoire*. Chemla F. et P. (trad.). Paris, Babel essai (1re édition 2011).

Graffin R., 1899. *Le rôle social des biens communaux*. Paris, éd. Albert Fontemoing.

Grossi P., 1977. *Un altro modo di possedere*. Milan, Giuffrè.

Grossi P., 1995. *L'ordine giuridico medievale*. Roma-Bari, Laterza.

Hardin G., 1968, The tragedy of the commons, *Science*, 162, p. 1243-1248.

Hermitte M.-A. (dir.), 1987. *Le Droit du génie génétique végétal*. Paris, Librairies techniques.

Hermitte M.-A., 2011. La nature, sujet de droit ? *Annales*, 66(1), janvier-mars.

Hermitte M.-A., 2016. La République, le peuple français et les communautés d'habitants. Lire les débats parlementaires. *Témoignage*, 7 novembre.

Hermitte M.-A., 2018. Artificialisation de la nature et droit(s) du vivant. In : *Les natures en question*. Descola P. (dir.). Paris, Odile Jacob.

Hobbes T., 1999. *Léviathan*. Paris, Dalloz (1ʳᵉ édition 1651).

Ingold A., 2014a. Penser à l'épreuve des conflits. Georges Sorel ingénieur hydraulique à Perpignan. Société d'études soréliennes, *Mil neuf cent. Revue d'histoire intellectuelle*, 1(32), 11-52.

Ingold A., 2014b. Expertise naturaliste, droit et histoire. Les savoirs du partage des eaux dans la France postrévolutionnaire. *Revue d'histoire du XIXᵉ siècle*, 48.

Ingold A., 2017. Terres et eaux entre coutume, police et droit au XIXᵉ siècle. Solidarisme écologique ou solidarités matérielles ? *Tracés*, 2.

Ingold A., 2018. Histoire et politiques de la nature. Droits, institutions et savoirs, programme de direction de recherche pour l'EHESS, inédit.

Jégouzo Y., 2004. Les autorisations administratives vont-elles devenir des biens meubles ? *Actualité juridique de droit administratif*, 945.

Lalaure C.-N., 1786. *Traité des servitudes réelles, à l'usage de tous les parlements et sièges du royaume, soit pays de droit écrit, soit pays coutumiers*. Paris, G. Le Roy.

Lapradelle A.G. de, 1895. *Théorie et pratique des fondations perpétuelles*. Paris, Girard et Brière.

Larrère C., 2017. Préface à la traduction française de Stone C. *Les arbres doivent-ils pouvoir plaider ?* Paris, Le passager clandestin.

Larroumet C., 2006. *Les biens. Droits réels principaux*. Paris, Economica.

Laurent L., 2016. *Semaine juridique édition générale*, p. 172 et s.

Léopold A., 2017. *Almanach d'un comté des sables*. Paris, Flammarion (1ʳᵉ édition 1949).

Leray G., Bardy J., Martin G.J., Vanuxem S., 2020, Réflexions sur une application jurisprudentielle du préjudice écologique. Paris, *Dalloz*, 2020. 1553 – 30 juillet 2020.

Lévy-Bruhl H., 1953. É. Durkheim, Leçons de Sociologie. Physique des mœurs et du droit. *Revue internationale de droit comparée*, 612-614.

Lexique des termes juridiques, 2017-2018. 25ᵉ édition. Paris, Dalloz.

Libchaber R., 2016. Biens. *Répertoire de droit civil*.

Lucas M., 2012. *Étude juridique de la compensation écologique*. Thèse pour l'obtention du doctorat. Strasbourg, université de Strasbourg.

Malaurie P. et Aynès L., 2017. *Droit des biens*, 7ᵉ édition. Paris, LGDJ.

Mallet-Bricout B. et Reboul-Maupin N., 2011. *Recueil Dalloz*, p. 2298 et s.

Mari É. de et Taurisson-Mouret D., 2016. *L'empire de la propriété. L'impact environnemental de la norme en milieu contraint II*. Paris, Victoires Éditions.

Maris V., 2014. *Nature à vendre : les limites des services écosystémiques*. Versailles, éditions Quæ (« Sciences en questions »).

Martin G., 2008. Pour l'introduction en droit français d'une servitude conventionnelle ou d'une obligation *propter rem* de protection de l'environnement. *Revue juridique de l'environnement*, n° spécial, 123 et s.

Martin G., 2015. La servitude contractuelle environnementale : l'histoire d'une résistance. In : *Repenser la propriété*. Aix-en-Provence, PUAM, p. 89-97.

Martin G., 2018. L'arbre peut-il être une victime ? In : Clément M., Martin G., Timmermans C. *Le livre blanc « Le droit prend-il vraiment en compte l'environnement ? »*. Recueil de conférences du Collège supérieur de Lyon dans le cadre du cycle « Droit et environnement », novembre.

Martin G., 2020. De quelques évolutions du droit contemporain à la lumière de la réparation du préjudice écologique par le droit de la responsabilité civile. *Revue des juristes de Sciences Po*, LexisNexis, janvier 2020, 18, 71-76.

Marty G. et Raynaud P., 1980. *Droit civil. Les biens*, 2ᵉ éd.

Mathevet R., Thompson J., Bonnin M., 2012. La solidarité écologique : prémices d'une pensée écologique pour le xixᵉ siècle ? *Écologie & politique*, 1(44), 127-138.

Mathevet R., Thompson J., Delanoë O., Cheylan M., Gil-Fourrier C., Bonnin M., 2010. La solidarité écologique : un nouveau concept pour la gestion intégrée des parcs nationaux et des territoires. *Natures, Sciences, Sociétés*, 18(4), 424-433.

Maurel L., 2019a. <https://scinfolex.com/2019/01/04/accueillir-les-non-humains-dans-les-communs-introduction/> (consulté le 14 janvier 2020).

Maurel L., 2019b. <https://scinfolex.com/2019/01/10/communs-non-humains-1ere-partie-oublier-les-ressources-pour-ancrer-les-communs-dans-une-communaute-biotique/ > (consulté le 14 janvier 2020).

Maurel L., 2019c. <https://scinfolex.com/2019/01/16/communs-non-humains-2eme-partie-en-deca-des-arrangements-institutionnels-les-agencements-socio-ecologiques/ > (consulté le 14 janvier 2020).

Mazeaud H.L.J.F., 1994. *Biens. Droit de propriété et ses démembrements*. 5ᵉ édition. Paris, Montchrestien.

Meiller É., 2012. *La notion de servitude*. Préface de Zenati-Castaing F. Paris, LGDJ.

Mekki M., 2014. Les virtualités environnementales du droit de jouissance spéciale. *Revue de droit commercial*, 1, 105 et s.

Mekki M., 2014. Les virtualités environnementales du droit réel de jouissance spéciale. Cass. 3 civ., 31 oct. 2012, n° 11-16304. *Revue de droit commercial*, 110, 105 et s.

Mendoza-Caminade A., 2014. *Revue Le Lamy Droit de l'immatériel*, 105, 1ᵉʳ juin.

Merlin P.-A., 1827-1830. *Recueil alphabétique des questions de droit qui se présentent le plus fréquemment dans les tribunaux*. Tome 8, 4ᵉ édition. Paris, Garnery.

Mestre J.-L., 1987. Les fondations dans l'histoire. In : Debbasch C. (dir.). *Les fondations, un mécénat pour notre temps ?* Aix-en-Provence, PUAM.

Mézard M.M.J. *et al.*, 2012. Proposition de loi visant à faciliter le transfert des biens sectionaux aux communes, enregistré à la présidence du Sénat le 25 mai 2012.

Millet L., 2015. *Contribution à l'étude des fonctions sociale et écologique du droit de propriété : enquête sur le caractère sacré de ce droit énoncé dans la Déclaration des droits de l'homme et du citoyen du 26 août 1789*. Paris, université Panthéon-Sorbonne.

Morizot B., 2016. *Les diplomates. Cohabiter avec les loups sur une autre carte du vivant*. Paris, Wildproject.

Morizot B., 2020. *Manières d'être vivant*. Arles, Actes sud.

Neyret L., 2006. *Atteintes au vivant et responsabilité civile*. Paris, LGDJ.

Orestano R., 1956. Beni di monaci e monasteri nella legislazione giustinianea. In : Riccobone S. *Studi in onore di Pietro de Francisci...*

Lettera di Salvatore Riccobono, volume 3. Milan, éd. Antonino Giuffré, p. 563-593.

Ost F., Personnaliser la nature, pour elle-même, vraiment ? In : Descola P. (dir.). *Les Natures en question*. Paris, Odile Jacob, 2018, p. 205-226.

Pastor J.-M., 2016. Le pont final des députés au projet de loi Biodiversité. *Actualité juridique. Droit administratif* (1re édition 1476).

Patault A.-M., 1989. *Introduction historique au droit des biens*. Paris, PUF.

Peltier F., 1893. *Droit romain : de la Caution « praedibus praediisque ». Droit français : du Gage immobilier dans le très ancien droit français*. Thèse pour l'obtention du doctorat. Paris, Éd. A. Rousseau.

Piedelièvre S., 2011. Gage immobilier. *Répertoire de droit civil*, septembre.

Planiol M., 1922-1924. *Traité élémentaire de droit civil conforme au programme officiel des facultés de droit*, 9e éd. Paris, LGDJ/F. Pichon et Durand-Auzias.

Planiol M., Ripert G., Picard M., 1952. *Traité pratique de droit civil français. Les biens*. Tome 3. Paris, LGDJ.

Polanyi K., Arensberg C.M., Pearson H.W., 2017. *Commerce et marché dans les premiers empires. Sur la diversité des économies*. Lormont, Le bord de l'eau (1re édition 1957).

Reboul-Maupin N., 2016. Les obligations réelles environnementales : chronique d'une naissance annoncée. *Recueil Dalloz*, p. 2074.

Rèmond-Gouilloud M., 1989. *Du droit de détruire : essai sur le droit de l'environnement*. Paris, PUF.

Revet T., 2003. Notion de bien (Civ. 3e, 1er octobre 2003, n° 02-14958). *Revue trimestrielle de droit civil*, p. 730.

Revet T., 2015. *Semaine juridique édition générale*, p. 252 et s.

Revillout E., 1896. *Notice des papyrus démotiques archaïques et autres textes juridiques ou historiques, traduits et commentés à ce double point de vue, à partir du règne de Bocchoris jusqu'au règne de Ptolémée Soter, avec une introduction complétant l'histoire des origines du droit égyptien*. Paris, J. Maisonneuve.

Revillout E., 1897a. *La Propriété, ses démembrements, la possession, et leurs transmissions en droit égyptien, comparé aux autres droits de l'antiquité*. Paris, E. Leroux.

Revillout E., 1897b. *La Créance et le droit commercial dans l'antiquité*. Leçons professées à l'École du Louvre. Paris, E. Leroux.

Rochfeld J., 2019. *Justice pour le climat. Les nouvelles formes de mobilisation citoyenne*. Paris, Odile Jacob, 2019.

Roubier P., 2005. *Droits subjectifs et situations juridiques*. Paris, Dalloz (1ʳᵉ édition 1963).

Seube J.-B., 2017. *Droit des biens*. 7ᵉ édition. Paris, LexisNexis.

Simenel R., Aderghal M., Sabir M., Auclair L., 2016. Cairn, borne ou belvédère ? Quand le naturalisme et l'analogisme négocient la limite entre espace cultivé et forêt au Maroc. *Anthropologica*, 58(1), 60-76.

Solon V.H., 1837. *Traité des servitudes réelles, à l'usage des jurisconsultes, des experts et des propriétaires*. Paris, Videcoq et Delamotte.

Steichen P., 2019. La compensation préalable des atteintes à la biodiversité dans le cadre des projets d'aménagement. Biodiversité protégée et biodiversité originaire : deux poids, deux mesures ? *Revue juridique de l'environnement*, 4(44), 705-724.

Svalgelski J., 1981. *L'idée de compensation en France 1750-1850*. Préface de François Dagognet. Paris, Hermès.

Taylan F., 2018. Droits des peuples autochtones et communs environnementaux. Le cas du fleuve Whanganui en Nouvelle-Zélande. *Annales des Mines – Responsabilité et environnement*, 2018/4, 92, 21-25.

Taylan F., 2019. La stratégie d'inséparabilité des collectifs humains et des milieux naturels. La loi « Te Awa Tupua » . In : Christian Laval, Pierre Sauvetre, Taylan F. (dir.). *L'alternative du commun*. Paris, Hermann.

Terré F., Simler P., 2018. *Les biens*. 10ᵉ édition. Paris, Dalloz.

Tétu É., 1900. *Des droits d'usage en bois de chauffage. De l'affouage communal*. Paris, Librairie Cotillon, F. Pichon.

Thellier de Poncheville C., 1878. *Du contrat d'emmortgagement, ou vente à titre de mortgage, usité autrement dans le pays de St-Amand*. Paris, éd. G. Giard.

Thomas G., 1870. *De la servitude réelle usagère dans les forêts*. Thèse pour l'obtention du doctorat. Nancy, université de Nancy.

Thomas Y., 2007. L'indisponibilité de la liberté en droit romain. *Hypothèses*, 1(10), 379-389.

Thomas Y., 2011. L'extrême et l'ordinaire. Remarques sur le cas médiéval de la communauté disparue. In : *Les opérations du droit*. Paris, EHESS, Gallimard, Seuil.

Thompson E.-P., 2015. Les usages de la coutume. *Traditions et résistances populaires en Angleterre. XVIIe-XIXe siècle*. Paris, EHESS, Gallimard, Seuil.

Trésor de la langue française, <http://atilf.atilf.fr > (consulté le 14 janvier 2020).

Troplong R.T., 1847. *Le droit civil expliqué suivant l'ordre des articles du code. Du nantissement, du gage et de l'antichrèse ; commentaire du titre XVII, livre III, du code civil.* Tome 19e. Paris, Charles Hingray.

Van Lang A., 2016a. La loi Biodiversité du 8 août 2016 : une ambivalence assumée. Le droit nouveau : la course à l'armement (1re partie). *Actualité juridique Droit administratif*, 2381.

Van Lang A., 2016b. La compensation des atteintes à la biodiversité : de l'utilité technique d'un dispositif éthiquement contestable. *Revue de droit immobilier*, 586.

Vidal L., 2017. Les certificats d'économies d'énergie. *Revue française de droit administratif*, 487.

Vivier N., 2003. *Les propriétés collectives face aux attaques libérales (1750-1914). Europe occidentale et Amérique latine.* Demélas M.-D. et Vivier N. (dir.). Rennes, Presses universitaires de Rennes.

Wunder S., 2005. Payments for Environmental Services : Some Nuts and Bolts. Center for International Forestry Research, Occasional, paper n° 42, <www.cifor.org/publications/pdf_files/OccPapers/OP-42.pdf > (consulté le 14 janvier 2020).

Xifaras M., 2004. *La Propriété. Étude de philosophie du droit.* Paris, PUF.

Zenati-Castaing F. et Revet T., 2008. *Les biens.* Paris, PUF.

Zenati-Castaing F., 1981, *Essai sur la nature juridique de la propriété, contribution à la théorie du droit subjectif.* Lyon, université Lyon 3, Jean Moulin.

Notes

1. Pour une version courte et en anglais de l'introduction, voir Latour B., Lutz J., Meyer-Jürshof C., Trappendreher P. (dir.). *Critical zones : The Science and Politics of Landing on Earth*. Karlsruhe, ZKM, 2020.

2. La loi néo-zélandaise Te Awa Tupu du 15 mars 2017 a reconnu la personnalité au fleuve Wanganui. Quelques jours après, le 20 mars 2017, la haute cour de l'État himalayen de l'Uttarakhand a reconnu la personnalité aux fleuves sacrés du Gange et de la Yamuna. Cependant, la Cour suprême indienne a cassé cette décision le 7 juillet 2017. La Cour suprême de Colombie a reconnu à l'Amazonie colombienne la qualité de sujet de droit, le 5 avril 2018. Déjà, la Cour constitutionnelle colombienne avait reconnu, le 10 novembre 2016 (décision T-622), la qualité de sujet de droit au fleuve Atrato.

3. Pour une présentation de la thèse, Les choses saisies par la propriété. De la chose-objet aux choses-milieux. *Revue interdisciplinaire d'études juridiques*, juillet 2010, n° 2010.64, p. 123-182.

4. Les tenants de la théorie classique de la propriété définissent la propriété comme un faisceau de prérogatives : *via* les droits d'user, de jouir et de disposer des choses que l'on dit appropriées. Les adeptes d'une théorie renouvelée de la propriété définissent la propriété comme une relation d'exclusivité entre une personne et sa chose. Pour plus de précisions, voir le premier chapitre de *La propriété de la terre,* Wildproject, 2018.

5. Pour plus de précisions : Les sections de commune pour la protection des paysages ? Le cas du Goudoulet, section du plateau ardéchois. *Les carnets du paysage*, Communs, n° 32, Actes Sud et l'École nationale supérieure du paysage, 2018.

6. Pensons aux sociétés, associations ou coopératives, soit aux groupes de personnes physiques ou groupes d'êtres humains susmentionnés.

7. Depuis un arrêt de la Cour de cassation du 28 janvier 1954, la personnalité morale est reconnue à tout groupement d'êtres humains agissant pour la défense d'intérêts licites, distincts des intérêts individuels des membres du groupe et doté des moyens d'une expression collective.

8. Cette partie, dédiée aux servitudes prédiales, est tirée d'un article à paraître dans les *Mélanges en l'honneur de Marie-Angèle Hermitte* (Rodrigo Miguez Nunèz (dir.)).

9. C. Demolombe précise que la loi des 28 septembre-6 octobre 1791 (titre I, art. 1) avait posé l'un des grands principes du nouveau droit public de la France en ces termes : « Le territoire de France, dans toute son étendue, est libre comme les personnes qui l'habitent (…) » ; « ce fut évidemment pour se conformer à

cette déclaration de l'assemblée constituante, et afin de la consacrer de plus en plus, que les rédacteurs du Code Napoléon insérèrent eux-mêmes, dans l'art. 638, la disposition suivante : « la servitude n'établit aucune prééminence d'un héritage sur l'autre » (*Traité des servitudes ou services fonciers*, 4e éd., tome 11, 1867, p. 4-5).

10. Ce paragraphe est tiré d'un article : Les services écologiques ou le renouveau de la catégorie civiliste de fruits ? *Revue de droit McGill*, 2017, volume 62:3.

11. Voir l'arrêt Maison de la poésie II (Cour de cassation, 8 septembre 2016, n° 14-26.953).

12. Cette partie, relative à la compensation écologique, est tirée d'un article : La compensation écologique comme mécanisme de droit analogiste. *Revue juridique de l'environnement*, 2019/1, volume 44.

13. Un opérateur de compensation « est une personne publique ou privée chargée, par une personne soumise à une obligation de mettre en œuvre des mesures de compensation des atteintes à la biodiversité, de les mettre en œuvre pour le compte de cette personne et de les coordonner à long terme » (article L. 163-1 III du code de l'environnement).

14. Depuis la loi du 8 août 2016, la compensation écologique participe explicitement des moyens de prévention des dommages à l'environnement (voir l'article L. 110 I du code de l'environnement).

15. Une réitération du vif-gage médiéval, la compensation écologique évoque encore l'antichrèse des droits antiques : d'origine grecque, le terme antichrèse signifie « usage, à la place de » (Brindejonc, 1855, p. 10 ; Planiol, 1922-1924, p.789-792). Avant que la législation romaine n'emprunte à Athènes, la législation grecque avait elle-même repris à Babylone où elle était un des actes les plus fréquents (Baudry-Lacantinerie et Loynes, 1895, § 164 ; Troplong, 1847, § 18, p. VII ; Revillout, 1897(1), p. 166). Comme la Mésopotamie, l'Égypte la connaissait aussi : à l'imitation des droits orientaux, l'antichrèse était courante dans la vallée du Nil (Revillout, 1896, p. 254 ; Revillout, 1897(2), p. 2462.

16. C'est nous qui soulignons.

17. Il s'agit de la section III du chapitre II, intitulé « Encadrement des usages du patrimoine naturel », du titre Ier du livre IV du code de l'environnement.

18. Cette partie est partiellement tirée d'un article : Des communautés d'habitants pour la transition écologique et solidaire. In : Grimonprez B. (dir.), 2018. *Le droit des biens au service de la transition écologique*. Paris, Dalloz.

19. L'article 542 du code civil dispose : « Les biens communaux sont ceux à la propriété ou au produit desquels les habitants d'une ou plusieurs communes ont un droit acquis ».

20. L'expression figure dans l'ordonnance des eaux et forêts de 1669.

21. Voir l'entretien donné par P. Descola au *Monde* du 28 août 2019, p. 23.

22. *Ibid.*

23. Jusqu'au 1er octobre 2016, cette disposition figurait à l'article 1382 du code civil.

24. Voir le jugement du Tribunal de grande instance de Paris du 16 janvier 2008, n° 9934895010, l'arrêt de la Cour d'appel de Paris du 30 mars 2010, n° 08/02278, et l'arrêt de la chambre criminelle de la Cour de cassation du 25 septembre 2012, n° 10-82.938.

25. Voir la proposition de loi faite par B. Retailleau, enregistrée au Sénat le 23 mai 2012 et visant à inscrire la notion de préjudice écologique dans le code civil : après l'article 1382 du code civil, il est inséré un article 1382-1 ainsi rédigé : « Tout fait quelconque de l'homme qui cause un dommage à l'environnement, oblige celui par la faute duquel il est arrivé à le réparer. (…) ».

26. La responsabilité est dite objective lorsqu'elle peut être engagée en l'absence d'une faute commise par l'auteur du dommage.

27. Sur cette décision, voir Grégoire Leray *et al.*, *Réflexions sur l'application jurisprudentielle du préjudice écologique*. Paris, Dalloz, 2020. 1553 – 30 juillet 2020.

28. En 1629, édit repris en 1659 et confirmé en 1666.

29. Décret du 2 juillet 1790, puis du 2 novembre 1789.

30. Décret du 26 septembre 1791.

31. Avis du 3 nivôse an XIV, approuvé le 17 janvier 1806.

32. Voir l'entretien donné par P. Descola au *Monde* du 28 août 2019, p. 23.

Dépôt légal : novembre 2020

Imprimé pour vous par Books on Demand (Allemagne)